U0156924

作者简介

双　全，蒙古族，农学博士，内蒙古农业大学食品科学与工程学院教授，博士研究生导师，内蒙古自治区科学技术学会第七届委员、内蒙古畜产品加工研究会理事长、全国农业专业学位研究生教育指导委员会食品加工与安全领域分委员会成员等，主要从事畜产品加工教学、科研工作。主持完成国家自然科学基金项目、内蒙古自治区自然科学基金项目、国际合作项目6项。获上海市浦东新区科技进步二等奖1项。发表学术论文百余篇，主编和参编教材7部。

作者简介

马萨日娜，蒙古族，工学博士，内蒙古农业大学食品科学与工程学院讲师，硕士研究生导师，加拿大曼尼托巴大学访问学者，从事特色动植物资源开发与利用方面的科研工作。主持内蒙古自治区高等学校科学技术研究项目1项、内蒙古自治区教育科学研究“十三五”规划课题1项，参与国家自然科学基金项目、国家重点研发计划项目、内蒙古自治区科技计划项目、内蒙古自治区自然科学基金项目、内蒙古草原英才工程等多项科研项目。在国内外学术期刊上发表论文10余篇，参编图书2部。

骆驼精品图书出版工程

骆驼肉品学

双　全　马萨日娜◎主编

中国农业出版社
北　京

内容简介

骆驼肉益气血，壮筋骨，润肌肤，含有蛋白质、脂肪、钙、磷、铁及维生素 A、维生素 B_1、维生素 B_2 和烟酰胺等成分，可用于百病之后恢复期的身体虚弱及除硫酸铜以外的其他毒物造成的中毒。本书主要从六大方面对骆驼肉进行了阐述，如骆驼及其肉的产业发展特征、骆驼肉的形态结构及化学成分、骆驼屠宰分割及卫生检验、骆驼宰后的肉质变化、骆驼肉的食用品质及贮藏保鲜技术、骆驼肉产品的加工等内容，可供驼肉研究、生产、服务、管理等人员和大专院校师生学习、参考。

丛书编委会

骆 驼 精 品 图 书 出 版 工 程

编写人员

主　　编　双　全（内蒙古农业大学）

马萨日娜（内蒙古农业大学）

副 主 编　夏亚男（内蒙古农业大学）

额尔敦木图（内蒙古农业大学）

斯仁达来（内蒙古农业大学）

参　　编　杜盖风（内蒙古农业大学）

姜文慧（内蒙古农业大学）

吴淑宓（内蒙古农业大学）

伟力斯（西北工业大学）

骆驼是我国西北和华北荒漠、半荒漠地区的重要畜种资源之一，是这一地区草原畜牧业的重要组成部分，在边疆畜牧业中占据着十分重要的地位，被列为“草原五畜”之一。骆驼肉是一种高蛋白质、低脂肪、低胆固醇、富含氨基酸和矿物质的天然绿色无污染的优质肉类。骆驼肉及其副产物的深度开发利用有利于荒漠、半荒漠地区发展驼肉产业，使骆驼产业真正成为“富民兴边、乡村振兴、稳边固疆”的支柱产业，也是打造服务“一带一路”建设“桥头堡”的重要支点。

为提高肉类行业研究和从业人员对驼肉产业相关知识的掌握程度、提高肉制品加工水平，笔者组织对骆驼肉食品研究较有造诣的教师和专家，在各自科研成果基础上，翻阅了大量的相关资料，总结了骆驼肉研究与加工领域最新的知识和技术。本书共分六章，内容包括骆驼及其肉产业发展特征、骆驼肉的形态结构及化学成分、骆驼屠宰分割及卫生检验、骆驼宰后的肉质变化、骆驼肉的食用品质及贮藏保鲜技术、骆驼肉产品加工等。本书在编写过程中以理论为依据、以研究成果为依托、以实践操作为根本、以社会需求为导向，力求理论简练、操作简洁。

本书编写分工为：马萨日娜编写第一章；双全编写第二章；额尔敦木图编写第三章；夏亚男编写第四章；伟力斯编写第五章；斯仁达来、双全、杜盖风、姜文慧、吴淑宓编写第六章。

由于编者水平有限，书中不足之处在所难免，敬请各位读者、专家批评指正，以便我们及时改正。

编　者

2020 年 5 月

目 录 CONTENTS

第一章 骆驼及其肉产业发展特征

CHAPTER 1

骆驼具有性格温驯、寿命长、耐饥渴、耐力强等特性，易于骑乘和驮运，可以多种荒漠植物甚至盐碱性植物为食，是干旱荒漠、半荒漠地区牧民的生产生活和经济结构的重要组成部分，在边疆畜牧业中占据十分重要的地位。

中国是世界上双峰驼的主要分布区域之一。据 2016 年中国畜牧业协会的不完全统计，全国约有双峰驼 36.87 万峰，主要分布在新疆、内蒙古、甘肃和青海等地。新疆地区存栏 18.94 万峰，占全国总数的 51.37%；内蒙古地区存栏 16.56 万峰，占全国总数的 44.91%；甘肃地区存栏 1.1 万峰，占全国总数的 2.98%；青海地区存栏 0.17 万峰，占全国总数的 0.46%；其他地区存栏 0.1 万峰，占全国总数的 0.28%。从分布区域上看，以新疆分布最广，几乎全区各地都有一定数量的分布；内蒙古主要分布在阿拉善盟、巴彦淖尔市、锡林郭勒盟和鄂尔多斯市等西部区域。从分布的生态地理规律看，则是由草原带向荒漠带过渡，荒漠化程度越高其数量也越多，即从内蒙古东部向西部双峰驼的数量逐渐增加，直到阿拉善左旗、阿拉善右旗、额济纳旗等草原荒漠化程度较高地带，骆驼数量最多。

第一节　骆驼基本特征及产肉性能

骆驼属于动物界、脊索动物门、哺乳纲、有胎盘亚纲、偶蹄目、团蹄（胼足）亚目、骆驼科。骆驼能够在荒漠和半荒漠地区恶劣条件下生存，主要依靠其独特的摄食行为和环境适应能力，同时其消化系统有着特殊的解剖学和生理学特性。虽然骆驼某些特性符合反刍动物的标准，但其消化系统在解剖学角度与反刍动物不同。具体来讲，它们对植物纤维素的降解依赖于微生物，饲料在咀嚼后进入骆驼的复胃，经过微生物发酵植物细胞壁结构被破坏后，骆驼才可以吸收利用饲料中的基础物质，包括氨基酸、维生素等。

骆驼的胃有三个室，即瘤胃、网胃和皱胃，并且其瘤胃和网胃背部表面衬以扁平的上皮，无乳头。瘤胃有比网胃更深、更大的由蜂窝状腺囊形成的囊腺区。与真正的反刍动物（如牛、羊）一样，骆驼的瘤胃中也有一个多样化且数量庞大的微生物共生体系。骆驼为这些微生物的生长提供所需的生理条件，而这些微生物为骆驼提供营养物质的同时也在骆驼的食物消化过程中起到了重要的作用。骆驼对饲料的消化吸收方式及与其胃中的微生物生态系统之间的关系尚未得到充分的调查研究。

一、单峰驼的基本特征

单峰驼（*Camelus dromedarius*）是一种大型的偶蹄目动物，产于非洲北部、亚洲西部，亦有部分是来自苏丹、埃塞俄比亚和索马里。单峰驼躯体高大细瘦，四肢细长，头较小，上唇分裂，便于取食，颈粗长，弯曲如鹅颈，体毛褐色，背有一个驼峰，内贮脂肪，蹄大如盘，两趾、趼有厚皮，都是适于沙地行走的特征（图 1-1）。骆驼的皮毛很厚实，绒毛发达，颈下也有长毛，对保持体温极为有利，冬天可以保暖，夏天可以反射阳光（它们的长腿也让它们远离高温的地面）。雄性单峰驼体重可达 300～400kg。

图 1-1　单峰驼

Kadim 等（2006）研究表明，单峰驼的瘦肉率比较高，且越年轻其瘦肉率越高。然而 Kadim 等的研究只涉及特定的肌肉，即胸部最长肌（第 10～13 肋骨的肌肉），没有考虑到总体重的脂肪含量。Abouheif（1990a）等研究报道，8～26 月龄、喂养良好的骆驼体重为 279.6kg，相当于日增重 0.518kg；对照组骆驼体重为 261.8kg，相当于日增重 0.485kg。

二、双峰驼的基本特征

双峰驼（*Bactrian camel*）属哺乳纲骆驼科，很早就被驯养成为家畜。双峰驼体长 3.2～3.5m，肩高 1.6～1.8m，体重 450～680kg。背上有两个驼峰，头小，颈长而且向上弯曲，体色金黄色到深褐色，以大腿部为最深。在冬季，颈部和驼峰丛生长毛，有双行长长的眼睫毛和耳内毛抵抗沙尘，而缝隙状的鼻孔在发生沙尘暴时能够关闭。我国双峰驼主要分布于内蒙古西部、宁夏、新疆、甘肃的温带荒漠和荒漠草原区，占全国总驼数的 95%。中国有名的双峰驼品种是阿拉善双峰驼和苏尼特双峰驼（图 1-2）。

内蒙古阿拉善盟是中国骆驼主产区之一，素有“中国骆驼之乡”之称，目前拥有双峰驼 12 万峰以上，约占全国双峰驼总数的 33%、世界双峰驼总数的 25%。这里饲养的阿拉善双峰驼以其体型大、绒质好等特点被确定为国家优良畜种，具有耐粗饲、耐饥渴、耐高温、耐严寒、耐负重、抗干旱、抗风沙、抗疾病等特性。内蒙古锡林郭勒盟的苏尼特双峰驼，是中国双峰驼中体型最大、产绒和产肉量最高的优良品种。驼峰贮藏的脂肪，使它们能够在没有食物时生存很多天；水则贮存在围绕胃的小室中，可在无水时维持数周。

图 1-2　双峰驼

三、骆驼产肉性能及肉品质

驼肉中的蛋白质含量高，粗脂肪和胆固醇含量低，维生素和矿物质丰富，并且氨基酸种类齐全，因此食用营养价值较高。据报道，驼肉在质地和口感上与牛肉相近，但与牛肉相比，驼肉蛋白质和水分含量较高，脂肪含量较低，热量也比牛肉低很多，这更符合现代人健康饮食的理念。驼肉除了具有高蛋白质、低胆固醇和低脂肪等特点，还含有丰富的氨基酸、多种不饱和脂肪酸、铁、钙、磷、维生素 A、维生素 B_1、维生素 B_2 和烟酸等营养成分。驼肉中的肌纤维较粗，嫩度较差，不易咀嚼，但肉色和大理石纹分布很好，pH 适中，系水力高，具有良好的加工性能，可使用木瓜蛋白酶等嫩化剂对其进行嫩化加工处理。20℃下用 0.01％木瓜蛋白酶对驼肉处理 90min 时，嫩化的效果最好，其中酶的用量是影响嫩化效果的最主要因素。同时，可以对驼肉进行风干处理做成肉干，也可以深加工成为多种食品。

驼肉具有一定的保健和药用价值。据相关记载，驼肉具有治风湿、益气血、壮筋骨、润皮肤等保健功效，可制作药品、保健食品及化妆品等。在索马里等地，驼肉被认为对高血压、胃酸过多和呼吸系统疾病等都有一定的治疗效果。还有研究表明，驼肉对治疗坐骨神经痛、疲劳等也有一定的功效。驼峰和驼掌是制作名菜的珍贵烹饪原料，被认为是美味的食物。骆驼副产物的药用价值也很高，可用生物工程技术从其心、肺、肾、肝、大脑、鞭、血、脂等中提取胰肽酶、SOD、胸腺素、氨基酸等。驼皮比牛皮厚，制革时可剥至数层，因此是制革的好原料。驼骨骨质坚硬，骨壁厚，是很好的骨雕刻材料。由此可见，骆驼具有很好的经济价值（骆驼屠宰率变化见图 1-3）。

在屠宰方面的统计数据显示，骆驼的屠宰率与其年龄和性别有关。例如，在阿尤恩（摩洛哥南部/撒哈拉沙漠西部）的屠宰厂中，年龄 1 岁以下的公驼的屠宰率达到了 44％，母驼的屠宰率仅仅为 14％；然而成年公、母骆驼的屠宰率正好与之相反，成年母驼的屠宰率为 28％，成年公驼仅为 7.7％（图 1-4）。

另外，不同地区骆驼的屠宰率不同。例如，非洲地区骆驼的屠宰率（5.7％）小于

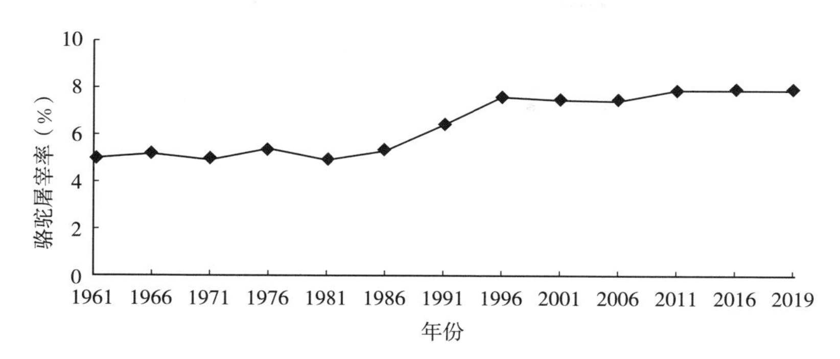

图 1-3　1961—2019 年骆驼屠宰率变化（FAO，2019）

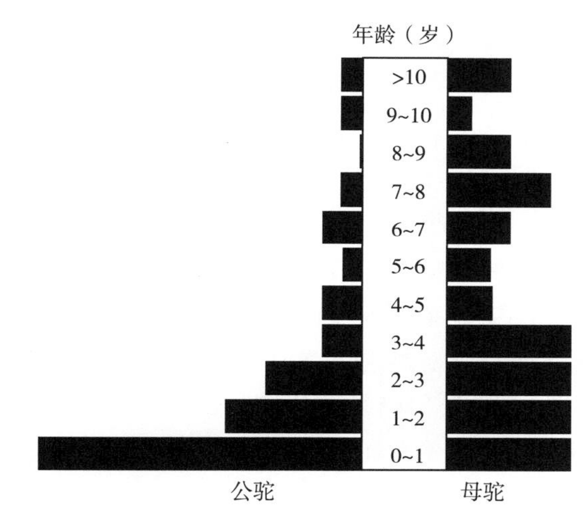

图 1-4　阿尤恩屠宰厂屠宰骆驼的年龄金字塔

亚洲（7.6%）和欧洲地区（11%）。从区域层面上来讲，西亚地区骆驼的屠宰率最高（31.2%），其次为亚洲东部地区（20.8%）；非洲北部和西部骆驼的屠宰率分别为8.3%和7.6%。

第二节　驼肉产业发展历史、现状及趋势

一、驼肉产业发展历史

根据文献记载，骆驼在我国战国时期已开始人工养殖，也在战争中用作军驼，后逐步用于交通运输，成为沙漠地区和边疆地区沟通外界和开展贸易的重要交通工具。随着火车、汽车等交通工具的出现和发展，骆驼的交通运输功能逐渐被取代，产肉、产乳、产绒功能开始进入人们的视野。

据统计，2009—2019 年世界驼肉产量从 35.6 万 t 增加到 65.3 万 t，年增长率约为 6.9%。世界上较著名的驼肉生产国有苏丹、沙特阿拉伯和肯尼亚等（图 1-5），其中一些属于驼肉出口国（苏丹和索马里），一些国家属于驼肉进口国（沙特阿拉伯和埃及）。

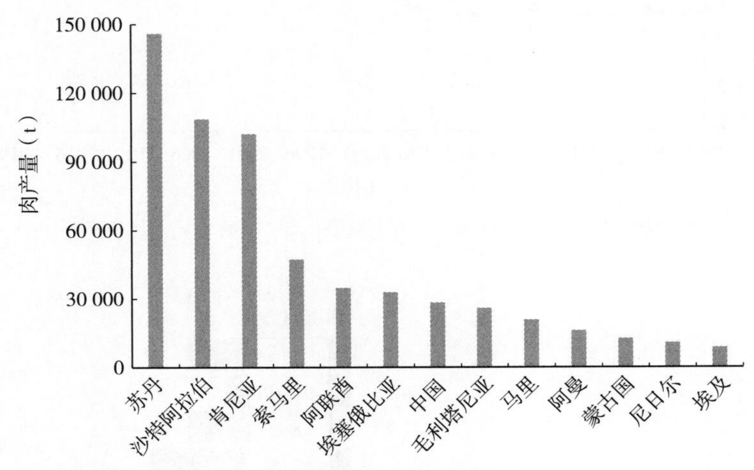

图 1-5　2019 年驼肉产量在 6 000t 以上的国家（FAO，2019）

与其他的食草动物相比较，骆驼在肉生产方面的贡献较少，驼肉产量只占到世界食草类动物肉产量的 0.13%。然而，对于沙漠地区的人们来说，骆驼是其最主要的牲畜，即只有在沙漠地区才能完全地显现出骆驼本身的价值。世界上单峰驼和双峰驼驼肉的生产主要集中在非洲（67.7%）和亚洲国家（27.6%）。此外，在南美洲，驼肉主要来源于小型的骆驼科动物，即美洲驼和羊驼，秘鲁是南美洲主要的驼肉生产国。不同地区不同物种肉的年产量见表 1-1。

表 1-1　2019 年不同地区不同物种肉产量（t）

地区	骆驼	牛	山羊	绵羊	马	猪	兔	鸡
非洲	422 980	6 555 544	1 467 207	2 062 117	17 730	1 654 484	71 122	6 206 974
美洲	0	33 067 566	137 407	423 010	193 519	23 331 350	15 519	47 993 258
亚洲	230 012	15 054 540	4 529 027	5 124 728	429 711	54 862 081	626 544	42 812 181
欧洲	143	10 584 858	96 310	1 131 372	88 056	29 699 972	170 751	19 480 755
大洋洲	0	3 051 386	22 613	1 181 011	23 367	562 024	0	1 523 993
世界	653 135	68 313 894	6 252 564	9 922 238	752 383	110 109 911	883 936	118 017 161

资料来源：FAO（2019）。

不同地区的驼肉瘦肉生产率不同。在非洲东部，驼肉产量占到了总肉产量的 3.8%，瘦肉产量的 5.4%；在非洲北部，驼肉产量分别占到了总肉产量和瘦肉产量的 3.2%和 6.7%；在非洲西部地区分别占到了 1.8%和 2.8%；在亚洲西部分别占到了 2.2%和 5.3%。在其他地区，骆驼瘦肉产量只占到了当地瘦肉产量的 1%以下。总的来说，非洲地区的驼肉产量（分别是总肉产量的 2.3%和瘦肉产量的 4.0%）远高于亚洲地区的驼肉产量（分别是 0.2%和 0.9%）。

尽管骆驼在肉产量方面的贡献是微不足道的，但是值得注意的是其增长率远高于牛、羊和马。假设 1961 年的肉类生产指数为 100，到 2017 年，山羊的肉类生产指数为 546.61，骆驼的为 488.19，水牛的为 387.26，牛的为 236.94，绵羊的为 196.14，然而马的只有 126.90（图 1-6）。

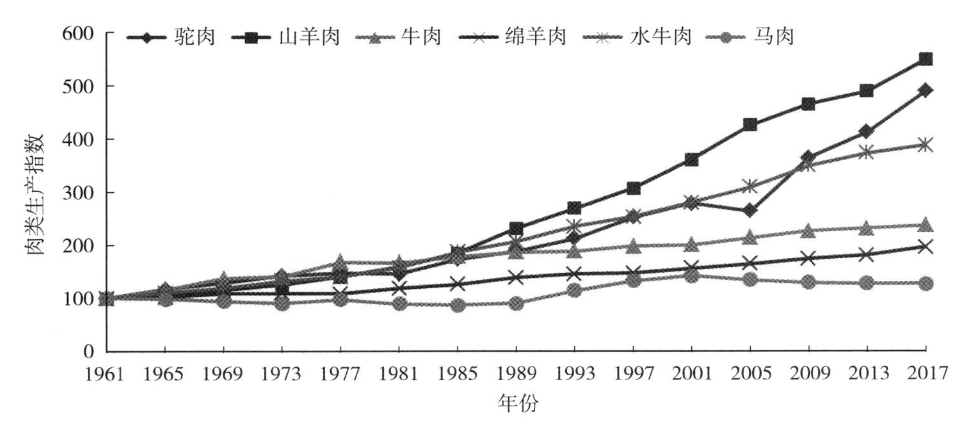

图 1-6　1961 年以来世界几种畜肉增长率（1961 年肉类生产指数为 100）

1961—2017 年，世界骆驼平均胴体重量从 180kg 增长到 200kg，一方面说明骆驼在肉产量方面有稍微的增加趋势，另一方面可能说明骆驼平均屠宰年龄增加了。因此，世界驼肉生产量的提高可能与其屠宰率的升高和平均胴体重量的增加有关。

二、驼肉产业发展现状

1. 骆驼屠宰　双峰驼的屠宰体重可达 550kg，而在单峰驼，有人认为剥皮后的重量为体重的 54%～57%，这在家畜中是较高的。研究报道卡塔尔 1 000 峰骆驼屠宰体重平均约为 300kg，伊朗单峰公驼的屠宰体重为 300～400kg。膘度中上等的双峰骟驼，屠宰率可达 50%～60%，净肉率可达 40%～45%，脂肪率在 5%以上（表 1-2）。骆驼肉的质量在很大程度上取决于屠宰时的年龄，青年驼肉的品质较高，但在实践中，大多数屠宰的骆驼均为老年的淘汰驼。南美驼中，羊驼的生长速度较快，因此作为肉用动物有其一定的意义。羊驼在出生时体重只有 9kg，8～9 月龄断奶时可达 29kg，3 岁时体重可达 54kg，6 岁时为 65kg。据报道，羊驼的屠宰率可达 55%，其中公驼的屠宰率较高。

表 1-2　阿拉善双峰驼和苏尼特双峰驼屠宰测定比较

品种	活重（kg）	胴体重（kg）	屠宰率（%）	净肉重（kg）	净肉率（%）	脂肪重（kg）	脂肪率（%）
阿拉善双峰驼	606.5	338.0	55.7	262.0	43.2	34.7	5.7
苏尼特双峰驼	620.0	358.3	57.8	280.6	45.3	47.8	7.7

2. 骆驼产肉性能 骆驼在抓好秋膘后，有较高的肉脂生产性能。据统计，牧民冬春肉食的淘汰骟驼或母驼，一般都能得净肉 250～350kg，最多可得 480kg。按肉牛来说，屠宰率在 50%～60%为中等指标，60%以上为高指标。1980 年苏尼特左旗屠宰的四峰骟驼，在单纯放牧、不加任何补饲的情况下，平均屠宰率能取得 61.44%的好成绩，足见其产肉性能之可贵。其中一峰驼两峰的脂肪重 42.5kg，占全身脂肪重的 51%。

3. 影响骆驼产肉性能的因素 家畜的产肉性能主要受两个因素的影响，其一是繁殖性能，其二是个体的生产性能。繁殖性能影响着动物的出栏率，因此是影响产肉性能的主要因素。因为骆驼的繁殖率低，如果出栏率高，骆驼的数量将会急剧下降。个体的生长速度主要受遗传、营养、健康及性别的影响。改进营养状况，尤其是驼羔的营养状况，降低其死亡率，可以显著提高骆驼的产肉性能，此外也应加强遗传改良。日增重在幼驼生长时期是衡量其发育水平的重要指标，但成年后体重变化主要是由牧草供应量来决定的。春季与秋季体重变化幅度较大，不同年景之间也存在较大差异。

4. 骆驼的屠宰副产品生产和开发 骆驼个体大，产肉多。据测定，苏尼特双峰驼一般可产净肉 250～350kg，最高可达 480kg。相关数据比较见表 1-3 和表 1-4。

表 1-3 阿拉善双峰驼和乌珠穆沁犍牛屠宰测定比较

项目	成年骟驼	成年母驼	乌珠穆沁犍牛
数量（峰或头）	10	5	11
年龄（岁）	8～21	8～20	6～7
活重 $X\pm S$（kg）	646.3±54	529.9±32.6	376.9±43
胴体重 $X\pm S$（kg）	359.6±57.6	255.5±22.5	199.9 ± 27.5
屠宰率（%）	55.6	48.2	53.0
净肉重 $X\pm S$（kg）	278.6±47.7	191.7±23.7	167.9±25.0
净肉率（%）	43.1	36.2	44.5
脂肪重量（kg）	37.15	22.38	17.14
脂肪率（%）	5.7	4.2	4.5
骨重量 $X\pm S$（kg）	66.3±2.9	54.7±2.9	31.9±4.5
骨占活体重（%）	10.3	10.3	8.4

表 1-4 阿拉善双峰驼和乌珠穆沁犍牛器官和组织比较

器官/组织	重量及占活体重的比例	成年骟驼	成年母驼	乌珠穆沁犍牛
头	重量（kg）	21.5	17.3	18.2
	占活体重（%）	3.3	3.3	4.8
四蹄	重量（kg）	19.6	14.2	6.7
	占活体重（%）	3	2.8	1.8

（续）

器官/组织	重量及占活体重的比例	成年骟驼	成年母驼	乌珠穆沁犍牛
胃	重量（kg）	13.8	11.4	13.5
	占活体重（%）	2.1	2.2	3.6
小肠	重量（kg）	5.1	5.1	3.9
	占活体重（%）	0.8	1	1
大肠	重量（kg）	6.2	5.3	5.2
	占活体重（%）	1	1	1.4
心	重量（kg）	2.9	2.7	1.6
	占活体重（%）	0.4	0.5	0.4
肝	重（kg）	8.5	7.5	4.3
	占活体重（%）	1.3	1.4	1.1
脾	重量（kg）	0.4	0.3	0.7
	占活体重（%）	0.07	0.06	0.19
肺	重量（kg）	5.2	3.7	2.6
	占活体重（%）	0.8	0.7	0.6
肾	重量（kg）	2	1.8	0.7
	占活体重（%）	0.3	0.3	0.2

双峰驼的主要生产性能是役用和产绒，但从上述屠宰结果看，其产肉性能尚可。骆驼肉及其脂肪均无特殊气味，纤维虽粗，但蛋白质含量为20%，产肉量高，产脂肪多，对于高寒和荒漠地区需要高能量食物的人们而言是很好的食物来源。近年来，养驼地区已将驼肉制成罐头食品，可与牛肉罐头媲美。但是，骆驼肉及屠宰副产品的开发利用还远远落后于牛肉。目前应发挥骆驼肉天然绿色食品的优势，改进加工技术和包装，增加科技含量，研制出小包装的骆驼肉干、骆驼肉松等，以适应市场的需求。骆驼四肢的筋腱发达且筋粗大，可加工成干制骆驼筋。骆驼的胃壁肥厚、量大，适口性好，也可加工干制品，供应市场，作为特制食品的原料。骆驼四肢骨粗大、厚实，骨质坚硬，是雕制骨质工艺品的上好原料。另外，驼骨也可加工骨粉，用作家畜的矿物质饲料。

三、驼肉产业发展趋势

根据FAO的预测，到2050年时全球的肉类产品产量约达到4.65亿t，这意味着需要更多的饲料、水和土地，带来更大的资源压力。从肉类生产和全球水资源利用之间的关系的视角来度讲，牛肉的水足迹为15.5m^3/kg，羊肉的水足迹为10.4m^3/kg，猪肉的水足迹为6.0m^3/kg，鸡肉的水足迹为4.3m^3/kg。从健康角度而言，驼肉与其他肉类相比含有更低的脂肪和胆固醇；从质量角度而言，青年骆驼的肉品质堪比牛肉；

从养殖角度而言，骆驼能够在高温、缺水和植被稀少的恶劣条件下，以低质量的饲料为食，与牛、羊等家畜相比，养殖骆驼产肉可以花费相对较低的成本。

从全球骆驼的数量和驼肉的产量可以评估驼肉产业的发展潜力。2000 年，世界范围内骆驼的数量约为 2 184 万峰，到 2019 年达到了 3 751 万峰，增加了 71.3%；驼肉的产量从 2000 年的 329 151t 增加到 2019 年的 653 135t，增加了 98.4%（表 1-5）。

表 1-5　2000—2019 年全球骆驼数量及驼肉产量

年份	骆驼数量（峰）	骆驼数量指数（2019 年指数为 100）	驼肉产量（t）	驼肉产量指数（2019 年指数为 100）
2000	21 842 376	58.23	329 151	50.40
2001	22 352 432	59.59	340 556	52.14
2002	22 858 060	60.94	337 448	51.67
2003	23 503 877	62.66	347 047	53.14
2004	24 462 244	65.22	360 241	55.16
2005	24 851 473	66.25	323 016	49.46
2006	25 138 180	67.02	363 074	55.59
2007	27 924 280	74.45	417 707	63.95
2008	29 159 336	77.74	452 578	69.29
2009	28 999 683	77.31	445 314	68.18
2010	29 671 490	79.10	467 422	71.57
2011	30 178 726	80.46	482 103	73.81
2012	30 468 768	81.23	488 180	74.74
2013	31 311 625	83.48	503 729	77.12
2014	32 124 803	85.64	553 654	84.77
2015	32 981 414	87.93	568 554	87.05
2016	33 802 267	90.12	575 951	88.18
2017	34 697 838	92.50	598 662	91.66
2018	35 326 528	94.18	607 051	92.94
2019	37 509 691	100.00	653 135	100.00

资料来源：FAO（2020）。

2000—2018 年世界 12 个主要养驼国家的骆驼数量由 2000 年的 1 278 万峰到 2018 年的 2 282 万峰。在我国，2000 年的骆驼饲养数量为 33 万峰，但由于骆驼役用和绒用价值减少，到 2010 年时饲养数量下降到 23 万峰；之后随着驼奶和驼肉产业的挖掘与发展，骆驼饲养数量又开始增加，到 2018 年发展到 34 万峰（表 1-6）。

表 1-6　2000—2018 年主要养驼国家的骆驼数量统计（万峰）

国家	2000	2002	2004	2006	2008	2010	2012	2014	2016	2018
中国	33	28	27	27	24	23	24	27	30	34

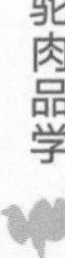

（续）

国家	2000	2002	2004	2006	2008	2010	2012	2014	2016	2018
埃及	14	13	14	15	11	11	14	16	16	9
埃塞俄比亚	40	42	45	44	101	110	92	116	121	127
肯尼亚	72	85	119	106	355	303	286	278	322	327
马里	40	59	75	67	85	90	94	98	103	122
毛里塔尼亚	136	147	156	149	134	136	138	153	147	150
尼日尔	147	151	155	159	163	163	168	172	177	181
阿曼	12	12	12	12	12	13	13	25	26	27
沙特阿拉伯	26	25	28	28	24	21	22	47	48	49
索马里	700	716	721	700	700	700	710	715	722	723
苏丹	36	36	39	45	53	57	475	479	483	487
阿联酋	22	25	27	36	40	36	36	42	44	46
合计	1 278	1 339	1 418	1 388	1 702	1 663	2 072	2 168	2 239	2 282

资料来源：FAO（2020）。

2018 年，12 个主要养驼国家生产驼肉 538 221t，占 2018 年世界驼肉总产量的 88.6%（表 1-7）。

表 1-7　2000—2018 年主要养驼国家的驼肉产量（t）

增长率（%）	2000	2002	2004	2006	2008	2010	2012	2014	2016	2018
中国	14 740	15 180	14 432	14 960	16 060	14 300	14 740	16 966	17 144	22 115
埃及	39 650	46 000	39 000	43 800	45 250	8 569	10 969	12 266	12 133	7 707
埃塞俄比亚	13 822	14 162	14 773	17 732	18 257	31 450	28 050	28 050	28 050	32 568
肯尼亚	19 800	24 940	28 500	27 000	23 110	64 500	64 500	59 665	69 787	70 804
马里	6 344	7 968	10 002	13 176	17 600	14 760	15 592	16 237	17 104	20 284
毛里塔尼亚	19 940	22 000	23 500	22 500	23 699	23 000	23 500	24 650	24 240	25 504
尼日尔	10 950	12 150	12 450	12 820	13 155	7 442	11 614	10 685	10 311	11 590
阿曼	6 237	6 447	6 552	6 750	6 720	7 350	7 770	14 254	14 910	15 657
沙特阿拉伯	39 840	40 500	41 960	41 070	48 051	43 000	44 000	95 417	100 677	105 738
索马里	39 100	40 800	44 540	44 200	44 200	44 200	45 900	45 972	46 589	47 103
苏丹	29 925	41 625	44 319	48 000	48 262	128 500	141 000	143 000	144 000	145 000
阿联酋	13 069	14 617	15 390	21 510	19 853	30 060	26 930	30 198	32 336	34 151
合计	253 417	286 389	295 418	313 518	324 217	417 131	434 565	497 360	517 281	538 221

资料来源：FAO（2020）。

第二章 骆驼肉的形态结构及化学成分

CHAPTER 2

第一节　驼肉的形态结构

骆驼肉由肌肉组织、脂肪组织、结缔组织、骨组织、神经和血管等组成，这些组织的构造、性质及其含量直接影响驼肉的质量、加工用途及商品价值，这些组织在胴体中的占比与骆驼品种、性别、年龄、营养状况等因素密切相关。

一、肌肉组织

肌肉组织为胴体的主要组成部分，它的特性直接影响驼肉的食用品质和加工性能，因此了解掌握肌肉组织的结构、组成和功能等对于掌握肌肉组织的宰后变化、肉的食用品质、加工利用特性等具有重要的意义。在组织学上，肌肉组织可分为骨骼肌、平滑肌和心肌三类。胴体几乎全部由骨骼肌组成，心肌只存在于心脏，平滑肌主要存在于内脏部分。因此，骨骼肌是肉类研究的主要对象，在显微镜下观察有明暗相间的条纹，又被称为横纹肌（图 2-1）。

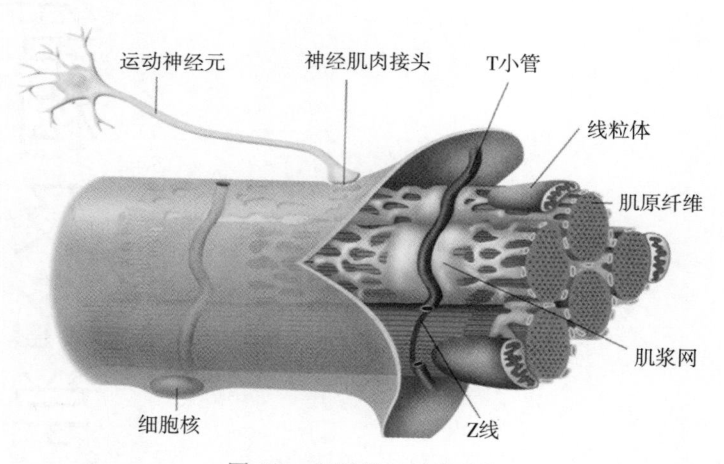

图 2-1　肌纤维的显微结构

骨骼肌通过韧带、筋膜、软骨附着于骨骼上，其收缩受中枢神经系统控制，故又称随意肌，而心肌与平滑肌不受中枢神经系统控制，被称为非随意肌。

（一）肌肉构造

骆驼身上有 600 多块形状、大小各异的肌肉，但其基本构造是一样的（图 2-2）。肌肉的基本构造单位是肌纤维，肌纤维与肌纤维之间有一层很薄的结缔组织膜围绕隔开，称肌纤维膜；每 50～150 条肌纤维聚集成束，称为肌束，肌束外包一层结缔组织鞘膜称为肌周膜或肌束膜，这样形成的肌束称初级肌束；由数十条初级肌束集结在一起并由较厚的结缔组织膜包围就形成次级肌束（或称二级肌束）；由许多次级肌束集结在一起就形成肌肉块，其外面包有一层较厚的结缔组织膜称为肌外膜。这些分布在肌肉中的结缔组织膜起着支撑和保护作用，血管、神经通过三层膜穿行于其中，伸入到肌纤维的表面，以提供营养和传导神经冲动。此外，还有脂肪沉积于其中，使肌肉横断面呈现大理石样纹理。

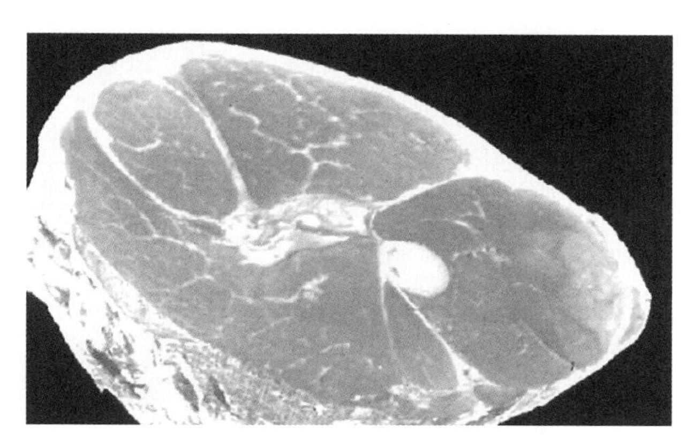

图 2-2　骨骼肌横断面

1. 肌纤维　肌纤维是肌肉组织的最基本构造单位，一条肌纤维就由一个肌细胞构成，但肌细胞是一种相当特殊化的细胞，呈长线状，不分支，两端逐渐变尖细。肌纤维的直径为 10～100μm，长 1～40mm，最长可达 100mm。肌纤维的结构见图 2-3。

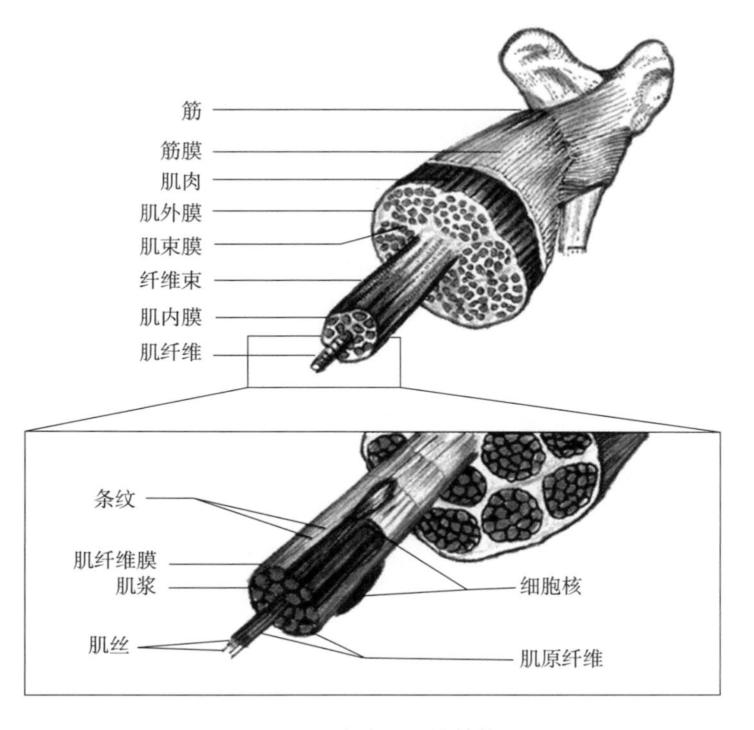

图 2-3　骆驼肌纤维结构

2. 肌纤维膜 肌纤维本身具有的膜称为肌纤维膜，由蛋白质和脂质组成，具有很好的韧性，因而可承受肌纤维的伸长和收缩。肌膜的构造、组成和性质，相当于体内其他细胞的胞膜。肌纤维膜向内凹陷形成网状的管，称为横小管，通常称为 T 系统或 T 小管（图 2-4）。

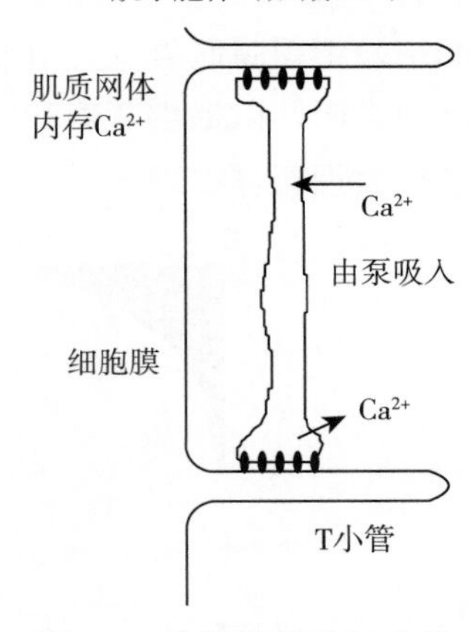

图 2-4 骆驼肌纤维 T 小管

3. 肌原纤维 肌原纤维是肌细胞独有的部分，是肌纤维的主要成分，占肌纤维固形成分的 60%～70%，是肌肉的伸缩装置。它呈细长的圆柱状结构，其直径为 1～2μm，其长轴平行于肌纤维的长轴，并浸润于肌浆中。一个肌纤维由 1 000～2 000根肌原纤维构成。肌原纤维的构造见图 2-5。

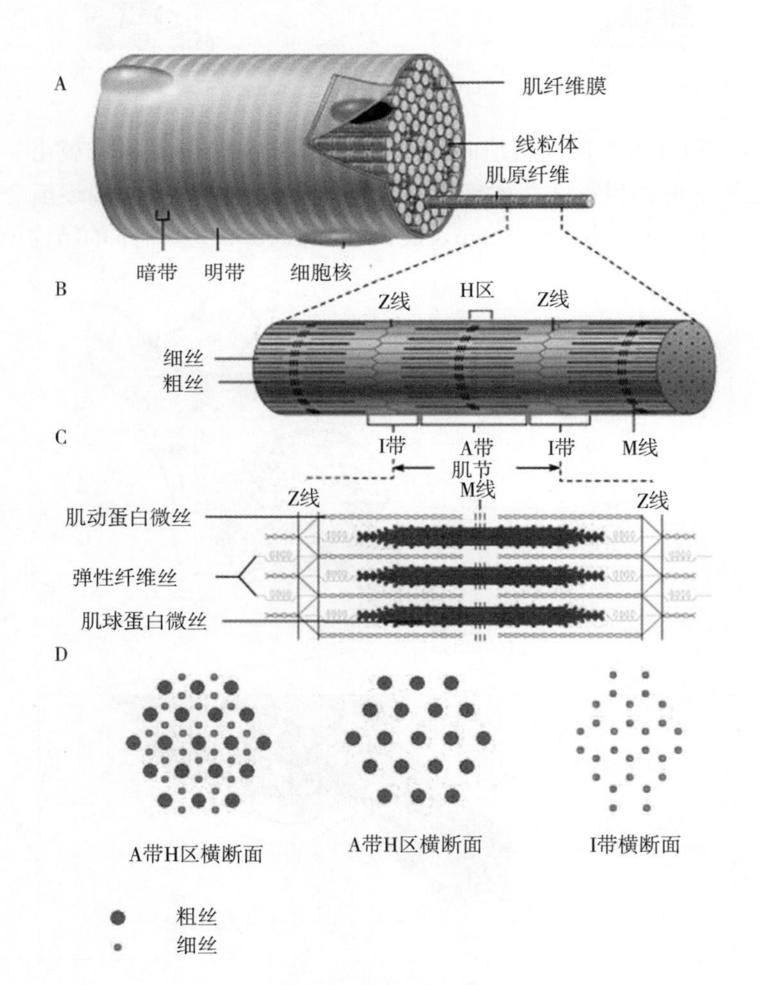

图 2-5 骆驼肌原纤维结构

A. 肌纤维 B. 肌原纤维 C. 粗丝 D. 肌丝横切面

4. 肌浆　肌纤维的细胞质称为肌浆，填充于肌原纤维间和核的周围，是细胞内的胶体物质。肌浆含水率为75%～80%。肌浆内富含肌红蛋白、酶、肌糖原及其代谢产物、无机盐类等。骨骼肌的肌浆内有发达的线粒体分布，说明骨骼肌的代谢十分旺盛，习惯上把肌纤维内的线粒体称为肌粒。在电镜下，肌浆中还有一些特殊的结构。在A带与I带过渡处的水平位置上有一条横行细管称为横管，又称为T小管，由肌纤维膜上内陷的漏斗状结构延续而成。另外在肌浆内有肌质网，相当于普通细胞中的滑面内质网，呈管状和囊状，交织于肌原纤维之间。其中有一对束状管平行分布于横管的两侧，称终池，将横管夹于其中，共同组成三联管。沿着肌原纤维的方向，终池纵向形成肌小管，又称纵行管，覆盖A带。纵行管在H区处，由纤细的分支形成吻合网。横管的主要作用是将神经末梢的冲动传导到肌原纤维。肌质网的管道内含有钙离子，肌浆网的小管起着钙离子泵的作用，在神经冲动的作用下，产生动作电位，释放或回收钙离子，从而控制着肌纤维的收缩和舒张。

肌浆中还有一种重要的细胞器为溶酶体，内含多种能消化细胞和细胞内容物的酶。在这种酶系中，能分解蛋白质的酶称为组织蛋白酶，有几种组织蛋白酶均对某些肌肉蛋白质有分解作用，它们对肉的成熟具有很重要的意义。

5. 肌细胞核　骨骼肌纤维为多核细胞，但因其长度变化大，所以每条肌纤维所含核的数目不定。一条几厘米的肌纤维可能有数百个核。核呈椭圆形，长约5μm，位于肌纤维的周边，紧贴在肌纤维膜下，呈有规则的分布。

（二）肌纤维的种类

根据肌纤维的外观、构造、功能和代谢特点的不同，可分为红肌纤维（Ⅰ型肌纤维）、白肌纤维（Ⅱ型肌纤维）和中间型纤维（Ⅲ型肌纤维）三类（图2-6）。

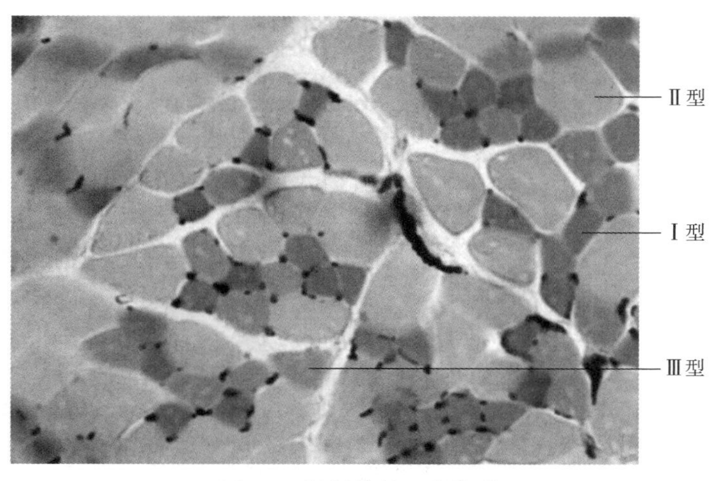

图2-6　肌纤维的三种类型

研究肌肉的纤维类型有益于理解肌肉的生物化学特性以及肌肉向食用肉转化的诸多变化。家畜肉类红肌纤维、白肌纤维、中间型纤维的生理生化特性见表2-1。

在马的肌肉中，已经发现红肌纤维和氧化酶之间密切相关，与糖酵解酶活性的百分比成反比关系。这种关系也可能存在于双峰驼肌肉中，但双峰驼肌肉纤维类型和酶之间的关系还没有解析清楚。比赛用途的双峰驼股二头肌、三角肌、肱二头肌、肱三头肌中的红肌纤维和白肌纤维含量相似，而半腱肌和股外侧肌中以白肌纤维为主。肌肉中红肌纤维的比例较高，或许能解释双峰驼在高强度运动下的生存能力。骨骼肌中糖原耗竭有助于我们了解运动过程中肌纤维的补充。红肌纤维的糖原耗竭模式表明，臀中肌会积极参与到中等强度的运动中。虽然个别双峰驼之间有差异，但总体模式是特定的。Kiessling（1984）研究表明驯鹿肌肉中含有很多白肌纤维，它们在冬季饲料缺乏时会萎缩。因此，可认为白肌纤维在饥饿时可作为一种能量储存。由此可以推断，双峰驼可能也有很多白肌纤维，因为它们在非常饥饿的条件下也能生存，并有其他方法应对长时间的饲料缺乏。

表 2-1　家畜肉类红肌纤维、白肌纤维、中间型纤维的生理生化特性

性状	红肌纤维	白肌纤维	中间型纤维
色泽	红	白	红
肌红蛋白含量	高	低	高
纤维直径	小	大	小至中
收缩速度	缓慢	快速	快速
收缩特性	连续紧张的、不易疲乏	断续的、易疲乏	连续紧张的
线粒体数量	多	少	中等
线粒体大小	大	小	中等
毛细管密度	高	低	中等
有氧代谢	高	低	中等
无氧酵解	低	高	中等
脂肪含量	高	低	中等
糖原含量	低	高	高
细胞色素氧化酶活性	强	—	强
ATP 酶活性	弱	强	弱

（三）肌肉组织含量

从个体的发展和商业角度来说，胴体肌肉组织的分布至关重要（表 2-2）。

表 2-2　双峰驼胴体肌肉组织的分布（占总肌肉组织的重量比，%）

肌肉组织	类型	平均值	标准偏差
肌肉组织 1	下肢近端	29.87	5.77
肌肉组织 2	下肢远端	4.19	0.72

（续）

肌肉组织	类型	平均值	标准偏差
肌肉组织 3	脊柱周围	14.05	4.65
肌肉组织 4	腹部	6.93	1.89
肌肉组织 5	前肢近端	18.48	2.89
肌肉组织 6	前肢远端	4.26	0.61
肌肉组织 7	前肢和胸腔	12.07	2.69
肌肉组织 8	连接颈部到前肢	2.75	1.75
肌肉组织 9	颈部肌肉	13.59	1.69
高价肌肉组织	高价肌肉组织	57.93	1.87
前半躯体肌肉组织	前半躯体	46.19	1.9

一般来说，双峰驼肌肉最明显的特征是前肢近端、胸腔肌肉及颈部肌肉的占比较高。表 2-2 中前肢近端（肌肉组织 5）占双峰驼总肌肉的 18.48%，因为它需要支持双峰驼庞大的脖子和强壮的腿。肌肉组织 6 包括前肢远端肌肉，约占总肌肉的 4.26%。肌肉组织 7，即前肢肌肉和胸腔肌肉约占总肌肉的 12.07%，是支撑前半躯体的重要肌肉组织。连接颈部到前肢的肌肉组织 8，只约占总肌肉的 2.75%。肌肉组织 9 包含了整个颈部肌肉，约占总肌肉的 13.59%，是支撑骆驼超长脖子运动的非常重要的肌肉组织。

双峰驼胴体中高价肌肉组织（EMG）比其他家畜的略高，这主要归因于前肢近端肌肉和前肢连接到胸腔肌肉的比例较高。在双峰驼中这些肌肉非常发达，能够携带沉重的脖颈。更大比例的高价肌肉群表明双峰驼胴体具有良好的经济价值，虽然它修长的四肢和倾斜的后腿及臀部看起来不好看，但有助于背负沉重的物品。

由表 2-3 可知，肌肉组织 1 是含有大型肌肉块多的一个最重要的肌肉群。这组中最大的肌肉是臀股二头肌，包括臀部和股部二头肌，约占左侧胴体肌的 5.14%，成为胴体中较大的肌肉之一。第二大肌肉是股四头肌，这包括股外侧肌（3.62%）、股直肌、股内侧肌和股中间肌。肌肉组织 1 中其他大型肌肉包括半膜肌、内收肌和半腱肌。在肌肉组织 2 中，最大的肌肉是腓肠肌和比目鱼肌，占左侧胴体肌肉总量的 1.79%，其余部分的肌肉占比不到左侧胴体肌肉的 0.5%。从胴体品质角度说，这使得此处的切割不那么重要。在肌肉组织 3 中，最重要的肌肉为背腰最长肌，占左侧胴体肌的 5.61%，成为胴体中最大的肌肉。在肌肉组织 4 中最大的肌肉是腹直肌和腹外斜肌。肌肉组织 5 是一个非常重要的分组，属于高价格肌肉组，包含臂三头肌，约占左侧胴体肌肉含量的 7.6%。冈上肌、冈下肌和臂二头肌分别占左侧胴体肌肉的 1.98%、1.53% 和 1.36%。肌肉组织 6 包括前肢的屈肌和伸肌，分别占 1.34% 和 2.11%。相较于后肢相应部位，前肢此部的肌肉重量似乎大于后肢的，反映了前肢负重着较重的前躯。肌肉组织 7 包括三大肌肉，胸肌、背阔肌和胸腹侧锯肌，分别占左侧胴体肌的 5.55%、2.44% 和 2.0%。胸肌组包括胸深肌和胸浅肌。肌肉组织 8 对胴体的贡献小，最大的肌肉是颈腹侧锯肌，约占左侧胴体肌的 0.97%。肌肉组织 9 含颈、胸内侧肌肉，约占左侧胴体肌的13.6%。总共有19个肌肉被鉴定，但单个肌肉重量小，其中最大的肌肉约占1.8%（肋间内、外肌）。

表2-3 双峰驼各种肌肉在左侧胴体（二分体）肌中的百分比

肌肉组织	肌肉名称	平均值±标准偏差（%）
肌肉组织1	阔筋膜张肌	1.16±0.09
	臀股二头肌	5.14±0.613
	臀中肌	1.43±0.11
	臀深肌	0.59±0.076
	臀副肌	0.17±0.037
	股直肌	1.77±0.203
	股外侧肌	3.62±0.353
	股中间肌	1.03±0.124
	股内侧肌	0.85±0.175
	半腱肌	1.47±0.109
	半膜肌	3.69±0.194
	内收肌	2.2±0.164
	缝匠肌	0.32±0.1
	耻骨肌	0.92±0.170
	股薄肌	0.92±0.17
	髂肌	0.41±0.140
	闭孔内、外肌	0.72±0.120
肌肉组织2	腓肠肌和比目鱼肌	1.79±0.3
	腘肌	0.19±0.03
	趾长屈肌	0.22±0.031
	趾内侧伸肌	0.39±0.047
	趾长伸肌	0.49±0.038
	趾外侧伸肌	0.18±0.065
	胫骨前肌	0.14±0.025
	胫骨后肌	0.15±0.085
	腓骨长肌	0.17±0.055
肌肉组织3	髂肋肌	0.9±1.387
	腰大肌	2.1±0.377
	腰小肌	0.16±0.018
	腰方肌	0.33±0.034
	背腰最长肌	5.61±0.539
	棘肌	2.05±1.476
	多裂肌	1.8±0.305
肌肉组织4	胸直肌	0.08±0.021
	腹直肌	2.2±0.231
	后背侧锯肌	0.11±0.026
	肋缩肌	0.12±0.061
	腹横肌	0.92±0.165
	腹内斜肌	0.98±0.254
	腹外斜肌	1.64±0.409
肌肉组织5	喙臂肌	0.25±0.026
	肩胛下肌	1.08±0.172
	冈上肌	1.98±0.134
	冈下肌	1.53±0.089
	三角肌	0.86±0.11
	臂肌	0.71±0.046
	臂二头肌	1.36±0.11
	臂三头肌	0.52±0.053
	大圆肌	7.60±0.72
	小圆肌	0.26±0.040
肌肉组织6	屈肌群	1.34±0.074
	伸肌群	2.11±0.086
	尺外侧肌	0.13±0.133
肌肉组织7	胸斜方肌	0.62±0.173
	胸肌	5.55±0.532
	背阔肌	2.44±0.258
	胸腹侧锯肌	2.0±0.371
肌肉组织8	颈斜方肌	0.23±0.331
	颈腹侧锯肌	0.97±0.702
	菱形肌	0.64±0.234
	臂头肌	0.58±0.528
	肩胛横突肌	0.04±0.085
	颈斜方肌	0.23±0.331
肌肉组织9	前背锯肌	0.59±0.955
	胸横肌	0.07±0.082
	肋间内、外肌	1.80±0.875
	头最长肌	0.2±0.07

（续）

肌肉组织	肌肉名称	平均值±标准偏差（%）	肌肉组织	肌肉名称	平均值±标准偏差（%）
肌肉组织 9	寰最长肌	0.3±0.077		腹斜角肌	0.53±0.161
	颈最长肌	1.02±0.135		颈长肌	0.87±0.496
	背侧横突间肌	0.12±0.167		胸横肌	0.08±0.136
	腹侧横突间肌	1.02±0.753		胸头肌	0.7±0.564
	头半棘肌	1.17±0.62		中斜角肌	0.22±0.266
	头背侧大直肌	0.25±0.158		背斜角肌	0.24±0.201
	头后斜肌	0.33±0.180		头腹侧大直肌	0.05±0.069
	颈多裂肌	0.96±0.309			

二、脂肪组织

驼肉中的脂肪组织是仅次于肌肉组织的第二个重要组成部分，具有较高的食用价值，是肉风味的前提物质之一，对于改善肉品质、提高肉风味均有影响。脂肪在肉中的含量变动较大，取决于品种、年龄、性别、饲养情况及育肥程度。脂肪细胞的大小与骆驼的育肥程度及不同部位有关，育肥后其脂肪细胞直径大，皮下脂肪细胞特别是驼峰中的脂肪细胞直径比腹腔脂肪细胞直径大。

研究显示，双峰驼体内脂肪含量比其他牲畜少。胴体各部位的脂肪分布不同，胴体中的脂肪含量远高于腹腔各脏器脂肪，其中驼峰中的脂肪含量最多，其次是肌肉间。双峰驼各部脂肪分布见表 2-4。

表 2-4　双峰驼胴体中脂肪的分布（占全身脂肪的重量比，%）

脂肪组织部位	平均值	标准偏差
肾脏周围和骨盆内脂肪	11.45	1.927
网膜脂肪	3.97	1.783
空腹壁脂肪	4.93	3.646
腹部脂肪	16.77	3.411
非胴体脂肪合计	37.12	7.685
驼峰脂肪	30.34	7.234
皮下脂肪	10.92	3.477
肌肉间脂肪	21.62	4.629
胴体脂肪合计	62.88	7.685

肾脏和骨盆脂肪的比例较为显著（11.45%）。驼峰中脂肪含量约占双峰驼总脂肪的 30.34%，这使双峰驼中占比最大的脂肪沉积在一个地方。值得注意的是，驼峰是不固定的，因为它的大小变化受到季节、放牧条件、饲料供应等因素的影响。驼峰重量可占胴体总重量的 9%，这将严重影响双峰驼肉的市场价值，尤其是影响双峰驼胴体分割采用的方法标准，驼峰脂肪被去除（切割之前或切割后）会影响组织成分和人们对

驼肉的印象。双峰驼脂肪分区的一个有趣的特征是腹部有显著的脂肪组织，厚的脂肪覆盖在腹部肌肉（腹直肌和腹横肌）上，向后扩展到肾，占胴体总脂肪的 16.77%。这似乎是双峰驼的独特之处，也可能是一个适应特性。当双峰驼正常俯卧蜷缩且腹部脂肪接近地面时，脂肪层可隔绝从高温沙漠里发出的热量。

三、结缔组织

结缔组织主要由纤维细胞、纤维和无定形的基质组成，属于非全价蛋白质，缺乏人体必需的氨基酸成分。结缔组织在动物体内对各器官组织起到连接和固定的作用，使肌肉保持一定弹性和硬度。驼肉的结缔组织可分为胶原纤维、弹性纤维和网状纤维，其含量因骆驼种类、品种、年龄、性别、营养状况、运动、使役程度和组织学部位的不同而异。凡是使役的和老龄的骆驼，其肌肉中结缔组织含量较多。

四、骨组织

骨组织和结缔组织一样也是由细胞、纤维性成分和基质组成，但不同的是其基质已被钙化，所以很坚硬，起着支撑机体和保护器官的作用，同时又是钙、镁、钠等离子的贮存组织，成年骆驼骨骼含量比较恒定，变动幅度较小。双峰驼的骨含量占胴体的 25%。

第二节 驼肉的化学成分

驼肉的化学成分主要是指驼肉组织中各种化学物质的组成，包括水分、蛋白质、脂类、浸出物、矿物质、维生素等。不同畜肉的基本化学成分比较见表 2-5。

表 2-5 不同畜肉的基本化学成分比较

畜肉种类	水分含量（%）	蛋白质含量（%）	脂肪含量（%）	灰分含量（%）	热量（J/kg）
牛肉	72.91	20.02	6.48	0.92	6 186.4
羊肉	75.17	16.35	7.98	1.92	5 893.8
肥猪肉	47.40	14.54	37.34	0.72	13 731.3
瘦猪肉	72.55	20.08	6.63	1.10	4 869.7
马肉	75.90	20.10	2.20	0.95	4 305.4
鹿肉	78.00	19.50	2.50	1.20	5 358.8
兔肉	73.47	24.25	1.91	1.52	4 890.6
鸡肉	71.80	19.50	7.80	0.96	6 353.6
鸭肉	71.24	27.73	2.65	1.19	5 099.6
骆驼肉	75.20	21.83	2.43	1.06	3 093.2

双峰驼肉各部位常规营养成分测定结果见表2-6。

表2-6 双峰驼肉常规营养成分测定结果（%）

年龄	部位	蛋白质	脂肪	水分
4岁骟驼	前峰	2.059±0.227	88.139±0.020	9.669±0.009
	后峰	0.979±0.049	91.812±0.04	6.65±0.013 4
	背最长肌	18.649±0.439	3.433±0.000 9	76.845±0.011
	里脊	17.091±0.601	0.530±0.001 7	82.054±0.005
	肋间肌	18.133±0.946	6.255±0.000 3	74.509±0.012
	三角肌	18.991±0.452	3.258±0.002 9	76.671±0.006
	斜方肌	20.13±0.256	10.007±0.002	68.485±0.014
8岁骟驼	前峰	2.191±0.173	86.668±0.009	11.008±0.002
	后峰	2.338±0.330	86.753±0.002	8.535±0.008
	背最长肌	20.004±0.579	13.312±0.009	65.579±0.007
	里脊	23.037±0.187	3.591±0.004	72.017±0.003
	肋间肌	19.592±0.100	2.751±0.012	76.552±0.017
	三角肌	22.197±0.591	3.447±0.015	73.265±0.002
	斜方肌	20.437±0.887	5.866±0.029	72.591±0.008
9岁骟驼	前峰	2.423±0.548	90.811±0.012	6.827±0.012
	后峰	1.753±0.242	92.702±0.004 9	6.126±0.011
	背最长肌	20.18±0.172	3.879±0.002	74.793±0.015
	里脊	20.492±0.049	2.494±0.001 3	75.939±0.007
	肋间肌	19.447±0.438	3.97±0.000 3	76.053±0.003
	三角肌	22.958±0.370	0.319±0.000 4	75.619±0.005
	斜方肌	20.789±0.125	3.385±0.000 2	74.536±0.022
总平均值	骆驼肉	20.584±0.440	3.880±0.019	74.562±0.022
	骆驼器官	18.375±0.264	3.584±0.016	76.473±0.014
	骆驼驼峰	1.960±0.392	89.481±0.026	8.136±0.016

一、水分

水分是肉中含量最多的成分，不同组织水分含量差异很大，肌肉含水量为70%～75%，皮肤为60%～65%，骨骼为12%～15%，脂肪组织含水甚少，所以动物越肥其胴体水分含量越低。肉中水分含量多少及存在状态影响肉的加工质量及贮藏性。水分含量与肉品贮藏性成函数关系，水分多容易滋生微生物，引起肉的腐败变质。肉脱水干缩影响肉的颜色、风味和组织状态，并引起脂肪氧化。因此，肉的保水性能直接关系到肉及肉制品的组织状态、品质甚至风味。肉中的水分主要以结合水、不易流动水、自由水的形式存在，其中结合水与肉中蛋白质分子的亲水基团结合，较稳定，无溶剂特性；不易流动水存在于肌原纤维、肌细胞膜之间，易受蛋白质结构和电荷变化的影响，决定肉的保水性能。

二、蛋白质

肌肉中除水分外的主要成分为蛋白质，占18%～20%，占肉中固形物的80%。蛋白质是人体所需最重要的营养素，在机体构成和组织修复、供给能量和调节生理功能等方面起着非常重要的作用。驼肉中蛋白质含量高于牛肉、猪肉、鸡肉，是非洲、亚洲的荒漠和半荒漠地区人民食物中动物蛋白质的主要来源。肉中蛋白质按照所在位置的不同，可分为肌原纤维蛋白、肌浆蛋白、基质蛋白三种。

（一）肌原纤维蛋白

肌原纤维蛋白是构成肌原纤维的蛋白质，支撑着肌纤维的形状，因此也称为结构蛋白或不溶性蛋白。通常利用离子强度0.5以上的高浓度盐溶液抽出。肌原纤维蛋白主要包括肌球蛋白、肌动蛋白、肌动球蛋白、原肌球蛋白和肌钙蛋白等。

（二）肌浆蛋白

肌浆蛋白是指在肌原纤维中环绕并渗透到肌原纤维的液体和悬浮于其中的各种有机物及亚细胞结构的细胞器等。通常把肌肉磨碎压榨便可挤出肌浆，其中主要包括肌溶蛋白、肌红蛋白、肌浆酶、肌粒蛋白、肌质网蛋白等。肌浆蛋白的主要功能是参与肌细胞中的物质代谢。

（三）基质蛋白

基质蛋白为结缔组织蛋白，是构成肌纤维膜、肌束膜、肌外膜和肌腱的主要成分，包括胶原蛋白、弹性蛋白、网状蛋白和黏蛋白等，存在于结缔组织纤维和基质中。

三、脂肪

脂肪是肌肉中的重要部分，对肉的食用品质影响甚大，直接影响肉的多汁性和嫩度。骆驼脂肪组织中90%为中性脂肪，7%～8%为水分，3%～4%为蛋白质，此外还有少量的磷脂和固醇脂。

骆驼通过食物充足与否来管理自身的脂肪沉积，当食物充裕时保存脂肪以储存能量，当食物匮乏时可供应机体所需，因而能耐饥饿，适应荒漠地区植物贫瘠和四季供应不平衡的环境。骆驼主要在驼峰、肾脏、皮下、腹部、网膜、肠系膜等部位储存脂肪，其中驼峰、肠系膜和肾脏内的脂肪是可食用的。根据学者们对双峰驼驼峰和腹部脂肪的组成成分的分析结果，驼峰中饱和脂肪酸占总脂肪酸的60%～65%，腹部脂肪中饱和脂肪酸约占总脂肪酸的36.6%。

四、浸出物

浸出物是指除蛋白质、盐类、维生素外能溶于水的可浸出性物质，包括含氮浸出物和无氮浸出物。

1. 含氮浸出物 含氮浸出物为非蛋白质的含氮物质，如游离氨基酸、磷酸肌酸、核苷酸类（ATP、ADP、AMP、IMP）及肌苷、尿素等。这些物质为肉滋味的主要来源，如ATP除供给肌肉收缩的能量外，逐级降解为肌苷酸，是肉鲜味的主要成分；又如磷酸肌酸分解成肌酸，肌酸在酸性条件下加热则转化为肌苷，可增强熟肉的风味。

2. 无氮浸出物 无氮浸出物为不含氮的可浸出性有机化合物，包括糖类和有机酸。糖类包括糖原、葡萄糖、麦芽糖、核糖。有机酸主要是乳酸及少量的甲酸、乙酸、丁酸、延胡索酸等。糖原主要存在于肌肉和肝脏中，肌肉中含0.3%～0.85%，肝脏中含2%～8%。宰前骆驼疲劳或受到刺激，则肉中糖原储备减少。肌糖原的含量对肉的pH、保水性、贮藏性、颜色等均有影响。

五、矿物质

矿物质是指一些无机盐类及元素，含量占1.5%。肉中的无机物有的以单独游离状态存在（如Mg^{2+}、Ca^{2+}），有的以螯合状态存在，有的与糖蛋白和酯结合存在（如硫、磷有机结合物）。钾、钠离子与细胞膜通透性有关，可提高肉的保水性。钙、锌离子反而降低肉的保水性。钙、镁离子参与肌肉收缩。铁离子是肌红蛋白、血红蛋白的结合成分，参与氧化还原，影响肉色的变化。矿物质是维持机体正常生理功能所必需的营养物质。驼肉中含有丰富的钙、钾、磷、钠、镁等矿物质元素，可作为人类摄取矿物元素的良好食物来源。双峰驼肉中矿物质测定结果见表2-7。

表2-7 每100g双峰驼肉中矿物质元素的测定值（mg）

元素	性别平均值		部位平均值		
	公驼	母驼	股二头肌	臂三头肌	背最长肌
钾	306.6±18.1	320.5±24.5	319.9±25.7	324.8±17.2	296.0±12.2
钠	61.59±1.86	66.88±9.77	66.05±4.87	58.91±2.91	67.75±10.11
钙	11.25±1.67	10.77±2.34	10.8±3.02	10.96±1.65	11.27±1.43
镁	24.4±1.62	24.14±1.27	25.08±1.71	24.41±2.03	24.83±0.54
磷	195.1±15.54	198.8±13.09	199.4±11.34	200.3±17.85	191±13.60
铜	0.29±0.06	0.28±0.03	0.34±0.02	0.27±0.01	0.26±0.01
铁	3.93±0.82	3.54±0.54	4.46±0.55	3.75±0.09	3.00±0.20
锰	0.48±0.03	0.50±0.04	0.49±0.04	0.48±0.04	0.51±0.02
锌	3.96±0.28	3.68±0.74	4.34±0.36	3.68±0.53	3.43±0.34

六、维生素

维生素是维持人体正常生命活动所必需的一类天然有机化合物，其种类繁多、结构复杂、理化性质及生理功能各异。人体若长期缺乏任何一种维生素都会导致相应的疾病，但摄入过多时也可导致体内积存过多从而引起中毒。

肉中维生素主要有维生素A、维生素 B_1、维生素 B_2、维生素 B_3、叶酸、维生素C、维生素D等，其中脂溶性维生素较少，而水溶性维生素较多。双峰驼肌肉中含有丰富的维生素，100g驼肉中维生素A、维生素 B_1、维生素 B_2、维生素 B_{12}、维生素C、维生素E的含量分别38.125μg、0.129mg、0.583mg、1.465μg、2.145mg、0.322mg（表2-8），与牦牛、黄牛、藏羊和小尾寒羊肉中维生素含量比较，驼肉中维生素E含量明显高于牛肉和羊肉，维生素A含量低于牛肉、羊肉，维生素 B_{12} 含量高于羊肉而低于牛肉，维生素 B_1、维生素 B_2 含量明显高于牦牛、黄牛肉。据Raiymbek等（2013）的报道，100g驼肉中含硫胺素0.12mg、核黄素0.18mg、吡哆醇0.25mg和α-生育酚0.61mg。因此，骆驼肉中富含的维生素可以为低蛋白饮食习惯的人群和儿童及妊娠妇女等群体增加营养补充。

表2-8 每100g双峰驼驼肉中维生素含量的测定值

维生素	性别			部位		
	公驼	母驼	平均	股二头肌	臂三头肌	背最长肌
A（μg）	34.80±21.570	41.45±20.77	38.125	23.08±3.00^b	29.05±7.42^b	62.25±3.68^a
B_1（mg）	0.131±0.010	0.126±0.020	0.129	0.149±0.001^a	0.136±0.002^a	0.100±0.012^b
B_2（mg）	0.584±0.028	0.581±0.023	0.583	0.584±0.028^a	0.581±0.023^a	0.558±0.070^b
B_{12}（μg）	1.47±0.29	1.46±0.27	1.465	1.73±0.04^a	1.55±0.03^b	1.13±0.02^c
C（mg）	2.19±0.13^b	2.10±0.20^b	2.145	1.97±0.12^c	2.33±0.02^a	2.14±0.24^b
E（mg）	0.274±0.030	0.369±0.168	0.322	0.225±0.030	0.422±0.29	0.317±0.066

注：同行上标不同小写字母表示差异显著（$P<0.05$），下同。

七、氨基酸

在畜禽肉的蛋白质中，氨基酸的种类和含量比例是决定蛋白质营养价值的主要因素，氨基酸与肉质的关系主要在于所含人体必需氨基酸和非必需氨基酸的水平。肉中必需氨基酸的含量越高，必需氨基酸与非必需氧基酸比值越高，肉的蛋白质营养价值就越高。苏氨酸、缬氨酸、蛋氨酸、异亮氨酸、亮氨酸、苯丙氨酸、赖氨酸和色氨酸为成年人必需氨基酸，组氨酸和精氨酸为婴儿必需氨基酸。由表2-9可知，骆驼肉中的蛋白质不仅含量丰富，而且氨基酸种类齐全，在双峰驼肉中测出了18种氨基酸，其中成人必需氨基酸8种；婴儿半必需氨基酸2种，必需氨基酸8种。双峰驼肌肉蛋白质属于完全营养蛋白质，总氨基酸含量为19.65%，成人必需氨基酸含量为8.19%，其中最丰富的必需氨基酸为赖氨酸、亮氨酸和精氨酸，其次是组氨酸、色氨酸、缬氨酸、亮氨酸和异亮氨酸，必需氨基酸与总氨基酸的比例为0.42。公驼肌肉中胱氨酸含量显著高于母驼（$P<0.05$），其他氨基酸含量均无显著差异（$P>0.05$）。不同部位双峰驼肌肉中，谷氨酸含量存在显著差异（$P<0.05$），其他氨基酸含量均无显著差异（$P>0.05$）。苏氨酸、亮氨酸、谷氨酸、丙氨酸、总氨基酸含量，臂三头肌显著高于背最长肌（$P<0.05$），股二头肌与其他两个部位之间均无显著差异（$P>0.05$）。臂三头肌精氨酸含量显著高于股二头肌，背最长肌与其他两个部位之间无显著差异。上述分析可知，双峰驼肉中氨基酸含量在不同性别和不同部位间差异不大。肉类蛋白质的氨基酸组成十分稳定，骆驼的屠宰方式或屠宰年龄不同，其氨基酸组成之间无显著差异。

表2-9　每100g双峰驼肉中氨基酸组成及含量的测定值（g）

氨基酸	性别		部位			平均值
	公	母	股二头肌	臂三头肌	背最长肌	
苏氨酸	0.76±0.02	0.76±0.55	0.75±0.02[ab]	0.79±0.02[a]	0.75±0.05[b]	
缬氨酸	0.93±0.02	0.91±0.06	0.91±0.04	0.93±0.05	0.90±0.05	
蛋氨酸	0.85±0.17	0.89±0.13	0.85±0.13	0.85±0.17	0.89±0.17	
异亮氨酸	1.51±0.05	1.46±0.10	1.48±0.07	1.50±0.10	1.48±0.09	
亮氨酸	1.45±0.04	1.43±0.08	1.44±0.06[ab]	1.48±0.02[a]	1.41±0.07[b]	
苯丙氨酸	0.77±0.04	0.75±0.04	0.77±0.05	0.78±0.01	0.74±0.03	
赖氨酸	1.56±0.06	1.54±0.09	1.56±0.09	1.58±0.04	1.52±0.09	
色氨酸	0.39±0.02	0.41±0.05	0.41±0.06	0.39±0.03	0.40±0.03	
组氨酸	0.69±0.04	0.66±0.08	0.67±0.08	0.65±0.07	0.69±0.05	
精氨酸	1.07±0.02	1.08±0.05	1.06±0.03[b]	1.10±0.03[a]	1.07±0.05[ab]	
天冬氨酸	1.66±0.04	1.65±0.09	1.64±0.07	1.69±0.03	1.64±0.08	
丝氨酸	0.67±0.03	0.68±0.08	0.66±0.03	0.71±0.08	0.66±0.06	
谷氨酸	2.99±0.09	2.99±0.15	2.99±0.08[ab]	3.07±0.05[a]	2.91±0.015[b]	
甘氨酸	0.80±0.04	0.83±0.09	0.79±0.03	0.83±0.04	0.82±0.11	
丙氨酸	1.24±0.05	1.24±0.05	1.24±0.05[ab]	1.27±0.04[a]	1.22±0.05[b]	
酪氨酸	0.79±0.11	0.75±0.23	0.75±0.14	0.84±0.05	0.68±0.25	
脯氨酸	1.36±0.05	1.40±0.11	1.33±0.05	1.40±0.05	1.40±0.14	
胱氨酸	0.21±0.02[a]	0.19±0.02	0.19±0.02[b]	0.21±0.02	0.21±0.03	
总氨基酸	19.71	19.63	19.51[ab]	20.07[a]	19.37[b]	19.65
必需氨基酸	8.22	8.15	8.17	8.30	8.09	8.19
支链氨基酸	9.98	9.89	9.90	10.05	9.85	9.93
必需氨基酸占总氨基酸比例	0.42	0.42	0.42	0.41	0.42	0.42

与联合国粮农组织（FAO）提出的理想蛋白质中的必需氨基酸含量相比，双峰驼肉所含的必需氨基酸中，苏氨酸和缬氨酸评分相对较低但接近理想模式，其他均高于理想模式，并且色氨酸、异亮氨酸、赖氨酸含量明显高于理想蛋白质中相应氨基酸的含量。以上结果说明双峰驼肉中必需氨基酸的种类齐全，且含量较高，比例也适当，接近理想模式，因此双峰驼肉蛋白质属于优质蛋白质，营养价值较高。

八、脂肪酸

脂肪酸是构成脂肪的主要成分，是细胞壁、线粒体和其他代谢活动活跃场所的必需成分。人体能够合成油酸，但不能合成必需脂肪酸，必须从食物中获得。驼肉中总脂肪酸的含量在51.5%～53%，包含饱和脂肪酸、单不饱和脂肪酸及多不饱和脂肪酸，其中含有多种多不饱和脂肪酸及必需脂肪酸。Shinichi（2008）研究表明，驼肉、牛肉、绵羊肉和山羊肉中多不饱和脂肪酸与饱和脂肪酸的比例分别为0.36、0.22、0.26和0.36。驼肉中含有10多种不同的多不饱和脂肪酸，主要是亚油酸、亚麻酸和花生四烯酸。其中，α-亚麻酸在驼肉中含量较多，自然界不能合成，是人体必需营养素之一，可预防阿尔兹海默症、促进儿童智力提高、抑制衰老和保护视力，对身体健康有重要意义。

饮食对于脂肪酸摄入有着较大的影响，在非洲的一些产驼国家，驼峰常被用来食用。在鲜重的基础上，双峰驼驼峰含有64.2%～84.8%的脂肪，这些脂肪中饱和脂肪酸的含量高达约63%。其中最丰富的脂肪酸为棕榈酸（C16：0）、硬脂酸（C18：0）和油酸（C18：1）。双峰驼驼峰中脂肪酸的组成及含量见表2-10。

表2-10　双峰驼驼峰中脂肪酸的组成及含量（%）

类型	脂肪酸种类	文献报道		
		Rawdah等（1994）	AlBachir等（2009）	Kadi等（2011）
饱和类	C14：00	7.68	4.53	3.1
	C15：00	1.66	—	2.1
	C16：00	25.98	30.29	28.5
	C17：00	1.48	2.54	—
	C18：00	8.63	25.51	19.3
	C20：00	微量	—	—
	C22：00	微量	—	—
	未辨别出	2.55	—	—
单不饱和类	C14：01	1	—	1.6
	C16：01	8.06	—	6.3
	C17：01	0.94	—	—
	C18：01	18.93	32.01	33.5
	C20：01	微量	—	—
	未辨别出	0.97	—	—

（续）

类型	脂肪酸种类	文献报道		
		Rawdah 等（1994）	AlBachir 等（2009）	Kadi 等（2011）
多不饱和类	C18：26	12.07	5.13	3.2
	C20：26	0.11	—	—
	C18：33	0.52	—	1.2
	C20：39	0.37	—	—
	C20：36	0.3	—	—
	C20：46	2.84	—	1.2
	C22：46	0.1	—	—
	C20：53	0.32	—	—
	C22：53	0.48	—	—
	未辨别出	1.43	—	—
多不饱和脂肪酸/饱和脂肪酸		0.36	—	0.11
总饱和脂肪酸		51.54	—	53
总不饱和脂肪酸		29.9	—	41.4
总多不饱和脂肪酸		18.55	—	5.6

双峰驼驼峰中脂肪酸的组成受年龄的影响，在不满 1 岁的骆驼驼峰中，不饱和脂肪酸含量最高，饱和脂肪酸含量最低，而 1～3 岁的骆驼驼峰中含量则相反。与牛肉和鸡肉相比，驼肉具有较高含量的过氧化氢酶和谷胱甘肽过氧化物酶。然而也有研究表明，与牛肉和鸡肉相比，驼肉脂质的氧化率较高，这与生、熟驼肉和冷冻驼肉比牛肉、绵羊肉和鸡肉具有更好的脂质稳定性相符。

九、挥发性风味物质

驼肉具有低脂肪、高蛋白、低胆固醇、低热量等特点，且富含多种氨基酸、维生素、矿物质及多不饱和脂肪酸等营养物质。但由于骆驼的生存环境比较恶劣，每天采食到的食物比其他反刍动物更复杂，主要采食那些只在沙漠地区生长的带有强烈气味的和盐碱味道重的菊科、藜科类植物甚至有毒植物，导致驼肉有着独特的风味。据刘东辉等（2017）报道，采用固相微萃取（SPME）技术并结合 GC-MS 分析（表 2-11）对双峰驼不同部位肉中挥发性风味物质进行检测，结果显示，从腹部肉中检测出挥发性风味物质 33 种，尾部肉中的挥发性风味物质有 26 种，腿部肉中含挥发性风味物质 26 种。3 个部位所含的主体风味物质种类大体相同，但具体部位所含的化合物在种类和数量上仍存在细微差别。总体来讲，腹部肉＞尾部肉＞腿部肉，骆驼腹部肉的挥发性风味物质的种类和含量都是最多的，呈味最明显。其中，双峰驼腹部肉中共检测出 33 种挥发性化合物，醛类 13 种，其相对含量为 71.61%；醇类 6 种，其相对含量为 8.24%；烃类 7 种，其相对含量为 4.61%；酮类 3 种，其相对含量为 6.38%；含硫含氮及杂环化合物 2 种，其相对含量为 1.96%；其他类 2 种，其相对含量为 1.94%。双峰驼腿部肉中共检测出 26 种挥发性化合物，醛类和醇类相对含量较高，分别占总百分比的 38.26%和 33.26%；酮类 2 种，其相对含量为 1.84%；含硫含氮及杂环化合物 3 种，其相对含量为 4.70%；其他物质 2 种，其相对含量为 2.58%。双峰驼尾部肉中共检测出 26 种挥发性化合物，烃类和醛类的种类较多，含量也相对较高，分别为 36.24%和 48.17%；醇类 3 种，其相对含量为 5.36%；酮类 2 种，其相对含量为 1.85%；含硫含氮及杂环化合物 3 种，其相对含量为 3.94%；其他类物质 1 种，其相对含量为 2.93%；未检测出酸类化合物。

表 2-11　双峰骆驼肉 GC-MS 分析结果

分类	名称	分子式	百分比(%)		
			腹部	尾部	腿部
醛类	戊醛	$C_5H_{10}O$	4.1	2.46	2.07
	己醛	$C_6H_{12}O$	41.94	19.74	15.06
	庚醛	$C_7H_{14}O$	5.86	—	0.2
	辛醛	$C_8H_{16}O$	2.86	3.08	2.84
	壬醛	$C_9H_{18}O$	10.47	15.01	9.35
	癸醛	$C_{10}H_{20}O$	0.59	1.37	—
	苯甲醛	C_7H_6O	4.7	4.87	6.93
	十四醛	$C_{14}H_{28}O$	2.19	1.26	1.44
	2,4-癸二烯醛	$C_9H_{14}O$	0.33	—	—
	反式-2-癸烯醛	$C_{10}H_{18}O$	0.49	—	—
	反式-2-十一烯醛	$C_{11}H_{20}O$	0.23	—	—
	反式-2-辛烯醛	$C_8H_{14}O$	0.63	0.38	—
	反式-2-壬烯醛	$C_9H_{16}O$	0.49	—	0.37
	合计		71.61	48.17	38.26
酮类	6-甲基-5-庚烯-2-酮	$C_8H_{14}O$	0.32	0.26	0.27
	2,3-辛二酮	$C_8H_{14}O_2$	5.6	1.58	1.57
	2,3-戊二酮	$C_5H_8O_2$	0.46	—	—
	合计		6.38	1.84	1.84
烃类	癸烷	$C_{10}H_{22}$	—	0.55	—
	十一烷	$C_{11}H_{24}$	0.54	7.24	—
	十二烷	$C_{12}H_{26}$	0.84	—	—
	十三烷	$C_{13}H_{28}$	—	0.46	0.77
	十四烷	$C_{14}H_{30}$	—	0.23	—
	十五烷	$C_{15}H_{32}$	—	4.14	—
	十六烷	$C_{16}H_{34}$	0.17	0.09	1.09
	6-甲基-十八烷	$C_{19}H_{40}$	0.38	—	—

（续）

分类	名称	分子式	百分比(%)		
			腹部	尾部	腿部
烃类	苯乙烯	C_8H_8	—	—	0.43
	柠檬烯	$C_{10}H_{16}$	1.54	21.9	29.36
	甲苯	C_7H_8	0.5	1.39	1.61
	邻二甲苯	C_8H_{10}	0.64	0.24	—
	合计		4.61	36.24	33.26
醇类	正戊醇	$C_5H_{12}O$	1.49	1.3	1.1
	正辛醇	$C_8H_{18}O$	1.77	1.75	2.01
	正己醇	$C_6H_{14}O$	0.66	—	1.59
	2-甲基-十六醇	$C_{17}H_{36}O$	0.49	—	—
	1-辛烯-3-醇	$C_8H_{16}O$	3.32	2.31	8.01
	反式-2-辛烯-1-醇	$C_8H_{16}O$	0.51	—	1.07
	2-乙基-己醇	$C_8H_{18}O$	—	—	0.72
	合计		8.24	5.36	14.5
含硫含氮及杂环化合物	N,N-二丁基-甲酰胺	$C_9H_{19}NO$	0.31	0.94	0.71
	2-戊基呋喃	$C_9H_{14}O$	—	—	0.32
	苯并噻唑	C_7H_5NS	1.65	1.58	3.67
	甲氧基苯基肟	$C_8H_9NO_2$	—	1.42	—
	合计		1.96	3.94	4.7
其他类	2-苯乙醇乙酸酯	$C_{10}H_{12}O_2$	1.45	2.93	2.39
	己酸	$C_6H_{12}O_2$	0.49	—	0.19
	合计		1.94	2.93	2.58

在肉的挥发性风味物质中，挥发性醛类主要由脂质类化合物氧化及糖类化合物发生美拉德反应而形成，挥发性醛类具有强烈的可识别的气味，可提供熟肉的脂肪味。由检测数据可知，醛类在骆驼肉的总体挥发性化合物中所占比例最高，而且在醛类物质中己醛、壬醛、辛醛、戊醛及苯甲醛的含量在双峰驼 3 个部位肉中相对含量均较高，其中，带有脂肪的香味和青草鲜味的己醛含量最高，达到 41.94%，是脂肪呈味的主要成分，也是反刍动物脂肪所含有的特征风味物质。壬醛则带有玫瑰、柑橘、蜡香、脂肪香等香味，辛醛有着肥皂香味，戊醛在稀释后会有果香和面包的香味。此外还含有一些对肉香呈味起着重要作用的醛类化合物，例如，带有肉香、脂肪香以及清香气味的 2-辛烯醛；带有脂肪香、蜡香、奶油香、鱼香、果香等混合香味的肉豆蔻醛；带有醛香、蜡香、柑橘香、脂肪香、清香味的 2-十一烯醛；带有脂肪香、清香、油炸香味的 2,4-癸二烯醛。可见骆驼腹部肉较腿部和尾部肉所含醛类风味物质更丰富，成香更饱满。

在双峰驼肉中醇类物质对肉香味的形成贡献并不算很大，但对肉整个风味的形成上有着关键的基础作用。例如，挥发性醇类物质中带有蘑菇香味、薰衣草香味、玫瑰香味、干草香味的1-辛烯-3-醇在驼肉中普遍存在，特别是在熟肉中含量较高，对肉香的形成有很大的贡献；正丁醇带有柠檬类的香味。从骆驼3个部位肉的醇类挥发性风味物质的相对含量来看，腿部肌肉的醇类含量最高，这可能是腿部肌肉独特肉香风味的形成基础。

由脂肪的降解反应、糖类发生焦糖化及美拉德反应生成的呋喃类物质、噻唑类物质以及一些含硫、含氮杂环化合物，对肉品香味的形成起着综合协调的作用。美拉德反应是肉中产生香味物质的重要途径，能产生很多有强烈肉香味的化合物，给食品带来令人愉悦的色泽和风味。目前很多研究认为，对肉的风味起决定作用的是一些含硫的开链化合物、杂环化合物和含羰基的挥发性化合物，这些物质在量上的差异导致肉具有不同特征的风味。从整体来看，骆驼3个部位的肌肉中其他类化合物所占比重不是很大，占总量的3.9%，但在驼肉风味的形成上起到了重要的作用。其中具有豆香、果香、泥土香、青香及类似蔬菜香的2-戊基呋喃对肉的香气形成起着重要作用。

总之，在双峰驼肉的挥发性风味物质中醛类化合物所占比例最高，约占驼肉挥发性风味物质的52%，其次是烃类化合物大约占24.3%，醇类和含硫含氮化合物虽然所占比例不高，但在驼肉特征风味的形成上起着不可或缺的作用。有的研究者认为“肉类特征风味的形成主要与脂类物质加热后产生的特异性挥发性风味化合物有关”。

十、胆固醇

胆固醇又称胆甾醇，是一种环戊烷多氢菲的衍生物，广泛存在于动物体内，尤以脑及神经组织中最为丰富，在肾、脾、皮肤、肝和胆汁中含量也高。其溶解性与脂肪类似，不溶于水，易溶于乙醚、氯仿等溶剂。胆固醇是动物组织细胞不可缺少的重要物质，不仅参与形成细胞膜，而且是合成胆汁酸、维生素D以及甾体激素的原料。胆固醇经代谢还能转化为胆汁酸、类固醇激素、7-脱氢胆固醇，并且7-脱氢胆固醇经紫外线照射就会转变为维生素D_3，所以胆固醇并非是对人体有害的物质。在正常情况下，机体在肝脏中合成和从食物中摄取的胆固醇，将转化为甾体激素或成为细胞膜的组分，并使血液中胆固醇的浓度保持恒定。当机体肝脏发生严重病变时，胆固醇浓度会降低。骆驼胴体所含脂肪含量与驼峰中胆固醇的含量类似（139mg/100g），这比同一条件下绵羊肉（196mg，以100g绵羊肉计）和牛肉（206mg，以100g牛肉计）的脂肪含量低，支持了之前骆驼肉中胆固醇含量低于牛肉和绵羊肉的研究。每100g骆驼肉中胆固醇的含量随骆驼年龄的增加而增加（135mg，8个月；150mg，26个月），这主要是由于脂肪含量的增加，而不是由于胆固醇合成的实际增加，每100g骆驼肉中脂肪含量为166～167mg。这对于饮食与烹饪习惯用动物油脂的中东及非洲国家尤为重要，且这一习惯与西方国家大不相同。

据刘莉敏等分析不同畜肉的胆固醇含量结果（表 2-12），驼肉和马肉的胆固醇含量相当，显著低于绵羊肉、山羊肉、猪肉、驴肉及牛肉等畜肉。Raiymbek 等（2013）研究表明，野生双峰驼肌肉类型显著影响骆驼肉的脂肪酸和胆固醇含量，与刘莉敏等的研究结果一致。因此可以推断出，骆驼肉中胆固醇和脂肪含量较低，是一种健康肉制品，可替代高脂肪和高胆固醇的肉类（如羊肉、牛肉和猪肉等），可以降低患肥胖和高胆固醇血症以及癌症的风险。

表 2-12　每 100g 不同畜肉的胆固醇含量（mg）

部位	驼肉	绵羊肉	山羊肉	牛肉	马肉	猪肉	驴肉	鹿肉
后座肉	43.08	55.64	65.50	52.69	41.73	52.70	53.27	47.14
肋腹肉	40.57	53.80	71.66	47.27	46.72		39.81	10.12
总均值	41.57	54.77	69.60	49.98	41.17	52.72	47.88	43.63

十一、生物活性物质

肉品中发现几种生物活性物质，这对其营养具有重大的意义，且有利于肌肉的销售。N-β-丙氨酰-L-组氨酸及其衍生物丙氨酰-L-甲基-1-组氨酸是重要的二肽，在大脑中起着抗氧化剂和神经递质的作用。每 100g 牛和绵羊肉中已分别发现 365mg 和 400mg 的高浓度活性物质，马鹿中为 290～329mg。骆驼臀中肌中 N-β-丙氨酰-L-组氨酸及其衍生物丙氨酰-L-甲基-1-组氨酸的平均含量如图 2-7 所示。以鲜重为基础，每 100g 骆驼鲜肉中含 181.7mg 的 N-β-丙氨酰-L-组氨酸和 268.6mg 的丙氨酰-L-甲基-1-组氨酸。鉴于牛和绵羊其各自肌肉之间 N-β-丙氨酰-L-组氨酸含量相差较大，在骆驼的不同肌肉之间也发现 N-β-丙氨酰-L-组氨酸和丙氨酰-L-甲基-1-组氨酸存在差异。这些差异与饮食和代谢活动差异有关。因此，骆驼不同肌肉间生物活性物质含量的差异以及相似环境条件下与其他种类动物的比较需要进一步研究。

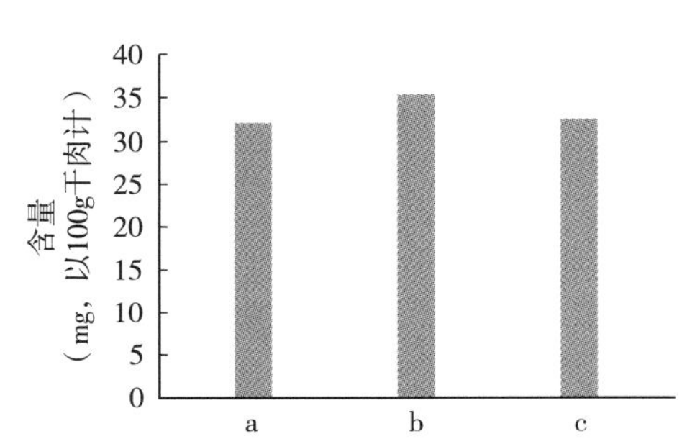

图 2-7　骆驼臀中肌中 N-β-丙氨酰-L-组氨酸（a），丙氨酰 L-甲基-1-组氨酸、牛黄酸（b），以及 Nα-β 丙氨酰-1-甲基-L-组氨酸（c）的平均含量

肉类中同样可提供维生素 E、辅酶 10、胆碱、B 族维生素和谷胱甘肽等生物活性物质。然而，目前尚无骆驼肉中这些活性物质的具体含量的研究数据。

十二、骆驼肉化学组成及品质的影响因素

1. 动物种类　动物种类对肉化学组成的影响是显而易见的，各种动物肌肉的水分、

总氮量及可溶性磷比较接近，但肌红蛋白含量在各种动物之间差异很大。骆驼、牛和羊的肌红蛋白含量远高于猪和家兔，因此，骆驼、牛、羊肌肉颜色就比较深，而猪和家兔则较浅，蓝鲸肌红蛋白含量特别高，其肉色呈黑红色，这是由于其呼吸频率低，需要很强的贮氧功能，而肌红蛋白的主要生理功能是贮存氧。另外，不同种类的动物的脂肪组成也有很大差异，如猪脂肪中的硬脂酸等饱和脂肪酸比例较低，而亚油酸等不饱和脂肪酸的含量是牛、羊、骆驼的好几倍，牛、羊、骆驼脂肪饱和度高的主要原因是瘤胃微生物能将不饱和脂肪酸氢化，以使其饱和。

2. 年龄　动物体的化学组成随着年龄的增加会发生变化，一般来说除水分下降外，其他成分会有所增加，特别是脂肪。幼年动物肌肉水分含量高，一些风味物质尚未有足够的沉积，除特殊情况外，随着年龄的增长，肌肉会逐渐变得粗硬，其异味也随着年龄增大而加剧，因此，肉用家畜都有一个合适的屠宰年龄。在良好的饲草条件下，骆驼一般5～7岁屠宰为宜。

3. 部位　动物体内的肌肉按解剖部位可分很多块，每块肌肉组成都不尽一致，差异比较大的是肌内脂肪、结缔组织以及肌红蛋白、矿物质和一些氨基酸（如羟脯氨酸等）的含量。

4. 其他　除动物种类、年龄和部位外，营养状况、品种、性别也会影响肉的化学组成。一般来说营养状况好的肉畜，其体成分中脂肪比例较高，水分较少。脂肪除沉积在皮下以外，还会沉积在肌肉内，使肉的横切面呈现大理石花纹状，脂肪沉积量增加而变密，风味增加，此性状是提高肉食用品质的重要指标之一。

第三章 骆驼屠宰分割及卫生检验

CHAPTER 3

比起其他家畜，由于双峰驼自身的庞大和屠宰时涉及多道手工程序，双峰驼的屠宰过程往往会存在很多困难。我国驼肉的生产十分有限，消费群体也相对较少，双峰驼主要分布在新疆、内蒙古、甘肃和青海等地，这导致了我国基本上没有专门的双峰驼屠宰加工体系。目前，最常见的屠宰方式是先把双峰驼前腿膝盖绑在一起，迫使其处于蹲伏的姿势，使骆驼头部处于一侧后切断颈静脉。本章节中主要描述了传统和现代的骆驼屠宰方法，以及驼肉分割、分级等内容。

第一节　骆驼屠宰厂的设施要求

屠宰厂的设计与设施直接影响驼肉的产量与卫生质量。因此，屠宰厂的设计要经济上合理、技术上先进、操作上规范，厂址选择、内部布局、设施设备必须符合国家卫生、安全方面的要求，使驼肉在产量和质量上均达到国家标准的要求，并在“三废”治理及保护等方面符合国家的有关法律规定。

一、屠宰厂设计原则

1. 厂址选择　屠宰厂应建在地势较高，干燥，水源充足，交通方便，无有害气体、灰沙及其他污染源，便于排放污水的地区。屠宰厂不得建在居民稠密的地区，距离居民区在500m以上。应尽量避免位于居民区的上风。

2. 布局　屠宰厂的布局必须符合流水作业要求，应避免产品倒流，避免原料、半成品、成品之间，健康驼与病驼之间，产品和废弃物之间互相接触和交叉污染。

（1）饲养区、生产作业区与生活区分开设计。

（2）运送活驼进厂与成品出厂不得共用一个大门和厂内通道，厂区应分别设置人员进出、成品出厂、活驼进厂大门。

（3）生产车间一般应按宰前休息、待宰、屠宰、分割、加工、冷藏的顺序合理设置，并且应满足从下风向到上风向的排序。

（4）污水与污物处理设施应在距生产区和生活区有一定距离（100m以上）的下风处。

二、屠宰设施及其卫生要求

1. 厂房设施

（1）结构　骆驼屠宰厂房与设施必须要结构合理、坚固耐用，便于清洗和消毒。必须设有防止蚊、蝇、鼠和其他害虫侵入或隐匿的设施。

（2）高度　屠宰车间应能满足生产作业、设备安装与维修、采光与通风的需要，如骆驼屠宰车间的天棚高度应不低于7m。

（3）地面　应使用防水、防滑、不吸潮、可冲洗、耐腐蚀、无毒的材料。坡度应为1%～2%，表面无裂缝、无局部积水，易于清洗和消毒。设有明地沟且应呈弧形，设排水口且须设网罩。

（4）墙壁　应使用防水、不吸潮、可冲洗、无毒、淡色的材料，墙内面应贴不低于2m的浅色瓷砖，顶角、墙角、墙与地面的夹角均呈弧形，便于清洗。

（5）天花板　表面应涂一层防霉、防潮、光滑、不易脱落的涂料。

（6）门窗　所有门、窗及其他开口必须安装易于拆卸和清洗的纱门、纱窗，内窗台须下斜45°或采用无窗台结构。

（7）厂房　楼梯及其他辅助设施应便于清洗、消毒，避免引起食品污染。

（8）屠宰车间　屠宰车间流程的顺序为击昏、倒挂、刺杀、放血、去皮、去内脏、检验、劈半、四分体、清洗、修整半胴体、冷却排酸等连续的流水作业。兽医卫生检验包括同步检验、对号检验、旋毛虫检验、内脏检验、化验室检验等。

（9）待宰车间　待宰车间的圈舍容量一般应为日屠宰量的2倍。圈舍内应防寒、隔热、通风，并应设有饲喂、宰前淋浴等设施。车间内应设有健畜圈、疑似病畜圈、病畜隔离圈、急宰间和兽医工作室。

（10）待宰区　应设骆驼装卸台和车辆清洗、消毒等设施，并应设有良好的污水排放系统。

（11）冷库　一般应设有排酸间、预冷间（0～4℃）、冻结间（－23℃以下）和冷藏间（－18℃以下）。所有冷库应安装温度自动记录仪或温度湿度计。

（12）设备、工具和容器　接触肉品的设备、工具和容器，应使用无毒、无气味、不吸水、耐腐蚀、经得起反复清洗与消毒的材料制作，其表面应平滑、无凹坑和裂缝，便于拆卸、清洗和消毒。

2. 卫生设施及要求

（1）废弃物临时存放设施　应在远离生产车间的适当地点进行设置，盛装废弃物的容器不得与盛装双峰驼肉品的容器混用。废弃物容器应选用便于清洗消毒的材料（如不锈钢或其他不渗水的材料）制作，并要防止废弃物污染厂区和道路。对不同用途的容器应有明显的标志。

（2）废水、废气处理系统　屠宰厂必须设有废水、废气处理系统，并保持良好状态。废水、废气的排放应符合国家环境保护的规定。生产车间的下水道口须设地漏、铁箅。废气排放口应设在屠宰车间外的适当地点。

（3）更衣室、淋浴室、厕所　屠宰厂必须设有与职工人数相适应的更衣室、淋浴室、厕所。粪便排泄管不得与车间内的污水排放管混用。

（4）洗手、清洗、消毒设施　在生产车间内的适当地点，必须设置非手动式热水和冷水的流水吸收设施，并备有洗手液。应设有器具、容器和固定设施的清洗、消毒设施，并应有充足的冷热水源。应设有车辆清洗设施。活驼进厂大门处应设有与门同宽的、长3m、深10～15cm的消毒池，以便出入车辆消毒。

3. 采光与照明　车间内应有充足的自然光线或人工照明，生产车间的照度应在

300lx以上，操纵台、检验台的照度不低于540lx。吊挂在驼肉上方的灯具，必须装有安全防护罩，以防灯具破碎而污染驼肉。

4. 通风和排气装置 车间内应有良好的通风、排气装置，及时排出污染的空气和水蒸气。空气流动的方向必须从非污染作业区流向污染作业区，不得逆流。车间换气每小时1～3次，换气次数取决于悬挂新鲜肉的数量和外部湿度。通风口应装有过滤空气纱网或其他保护性的耐腐蚀材料制作的过滤空气网罩，纱网或网罩应便于装卸和清洗。分割驼肉车间及其成品冷却间、成品库应有调节温度的设施。

5. 供排水的卫生要求 车间供水应充足，备有冷、热两种水，水质须经当地卫生部门检验，符合饮用水的卫生标准。为了及时排出屠宰车间的污物，保持生产地面的清洁和防止产品污染，必须建造完善的排水系统。地面斜度适中并有足够的排水孔，保证排水的畅通无阻，既保证污水充分排出，又要防止碎肉块及污物等进入排水系统，以利于污水的净化处理。屠宰厂排出的污水是典型的有机混合物，具有较高的生物需氧量（biochemical oxygen demand，BOD），BOD值越高，说明水体污染越严重。屠宰污水必须经过处理后方可排放。其处理方法包括机械处理和生物处理，一般先经机械处理，再经生物处理。厂区应采用雨污分流的排水系统，厂区雨水经收集后由雨水排放系统排放至厂区周围的水池，生产用水经污水处理设施处理达标、生活污水经化粪池处理达标后，均经自建的污水管网排入城市污水处理管网。

第二节 骆驼屠宰前的品质管理

一、屠宰前的检查及其方法

（一）屠宰前的检查

1. 入场检查 到屠宰厂的骆驼，在卸车之前，由兽医人员向押运员索阅牲畜检疫证，核对骆驼峰数，了解运输途中情况（如检疫证上注明的产地是否有传染病疫情等），并根据疾病性质分别加以处理。经检查核对认为正常时，允许将骆驼卸下车并赶入预检圈休息。同时兽医检疫人员应配合熟练工人逐峰观察骆驼外貌、步样、精神状态、反刍情况，当发现异常时，应立即隔离，待验收后详细检查，或作出急宰、缓宰处理。正常的骆驼准许赶入预检圈，但必须分批、分地区、分圈管理，不可混杂。进入预检圈的骆驼应先饮水，休息几个小时后逐峰测量体温，再详细检查其外貌和精神状态，正常的骆驼可转入健康骆驼饲养圈，并按大小程度分圈进行饲养管理。

2. 送宰前的检查 经过预检的骆驼在饲养场休息24h后，再测体温，并进行外貌检查，正常的骆驼即可送往屠宰间等候屠宰。对圈内的骆驼按照群体检查和个体检查的顺序进行宰前检查。群体检查时，观察有无离群现象、行走是否正常、反刍是否正常、皮毛是否光亮、皮肤有无异状、眼鼻有无分泌物、呼吸是否困难等，如有上述病状之一的，应挑出圈外进行进一步的个体检查，一般测量体温、检查脉搏和呼吸数等。

骆驼疑患传染病时，应做细菌学检查。确属健康的骆驼方准送去屠宰。所有的骆驼都要检测，以确定其是否有疾病或不适合人类食用的情况。

（二）检查方法

1. 动态检查 是指在驱赶过程中进行运动状态的检查。健康的骆驼精神活泼、行走平稳、步态矫健、两眼前视，而病驼则表现出精神沉郁或过度兴奋，低头垂尾弓腰曲背，腹部蜷缩，行动迟缓，步态踉跄，走路靠边或跛行掉队，如果发现此类情况应加以剔除。对于行动时呻吟、咳嗽或出现异常鼻音者及鼻孔有液体流出或有水泡者应立即剔除。

2. 休息时的检查 骆驼在车内或棚圈围栏内休息时，可检查其反刍动作、睡姿、毛色及呼吸状态等。有的病驼被毛粗乱而无光泽，尾及肛门沾有粪污。

3. 喂食饮水时的检查 又称“验食”检查，主要检查骆驼的大口吞咽、反刍等情况。

4. 检查体温 高热很可能是传染病的反应，也有应激反应而引起的无名高热。

（三）病驼处理

宰前检查发现的病驼，根据其疾病的性质、病势的轻重以及有无隔离条件等做如下处理：

1. 禁宰 经检查确诊为炭疽、狂犬病等恶性传染病的，采取不放血法扑杀，肉尸不得食用，只能工业用或销毁。立即对其同群所有骆驼进行测温，体温正常者在指定地点急宰并进行检验，体温不正常者予以隔离观察，确诊为非恶性传染病的方可屠宰。

2. 急宰 确认患有无碍肉食卫生的一般疾病而有死亡危险的骆驼，应立即屠宰。

3. 缓宰 经检查确认为一般性传染病且有治愈希望者，或患有疑似传染病而未确诊的骆驼应予以缓宰。

二、屠宰前的管理

（一）屠宰前的休息

运到屠宰加工厂的骆驼不宜马上进行宰杀，须在指定的圈舍中休息。宰前休息目的是恢复骆驼在运输途中的疲劳。由于环境改变、受到惊吓等外界因素的刺激，骆驼易于过度紧张而引起疲劳，使血液循环加速，体温升高，肌肉组织中的毛细血管充满血液，正常的生理机能受到抑制、扰乱或破坏，从而降低了机体的抵抗力，微生物容易侵入血液中，加速肉的腐败过程，也影响各内脏副产品质量。经过宰前休息，其肌肉和内脏等被微生物污染的概率显著减少，也有利于放血和消除应激反应。因此，宰前充分休息对提高肉品质量具有重要意义。

（二）屠宰前的断食

骆驼屠宰前需要一定时间的断食管理，此间应让其充分饮水，意义如下：

（1）宰前饲喂易于使骆驼消化和代谢机能旺盛，肌肉组织的毛细血管中充满血液，宰杀时放血不充分，其肉易腐败，且浪费饲草，提高成本。

（2）断食可减少消化道中内容物，防止剖腹时胃肠内容物污染胴体，并便于内脏的加工处理，又能降低劳动强度。

（3）断食期间让骆驼充分饮水，可稀释血液浓度，同时保持安静，有利于充分放血，提高肉品贮藏性。

（4）适当的饥饿管理可激发骆驼体内酶原系统，促进肉的成熟，提高肉的品质。但断食时间不能过长，否则肉中糖原耗尽，影响肉的成熟及品质。

第三节　骆驼屠宰加工工艺

一、骆驼屠宰工序及操作要点

（一）屠宰工艺流程

骆驼屠宰工艺的具体流程如下：待宰骆驼→断食饮水（24h）→活体称重→致晕（电击晕）→后腿吊挂（或卧式姿势）→刺杀→沥血→电刺激→剥皮→摘取内脏→劈半成二分体→切成四分体→胴体称重→修割整理→排酸（0～4℃）→分割→剔骨→整理、称重、包装→冻结→装箱→冷藏→成品。

1. 致晕　通常采用击晕枪对准骆驼的双角或双眼交叉点，启动击晕枪使骆驼昏迷。但由于骆驼的头盖骨中间有明显的突出部分，因此，在致晕过程中，需要在顶骨部位进行轻微地左右移动。

双峰驼头部电击晕的条件：电压 90～120V，电流强度 1.3～1.8A，电击时间 6～9s。电击晕 20～40min 后，骆驼会恢复到正常状态，并无疼痛和其他不适感。头部电击晕被认为是一种安全性高、人性化的击晕方法。

2. 刺杀放血　双峰驼屠宰时先进行电击晕，然后用吊链挂在轨道上或处于卧式姿势，在放血池旁用锋利的匕首迅速、准确地从骆驼的脖子和胸腔之间的颈基部下刀，进行刺杀放血。选择在该部位刺破是因为大多数的血管主要存在于颈基部，而不是被颈椎横突掩盖的颈部。

每屠宰一峰骆驼均要进行充分放血，以防骆驼胴体被污染。一般而言，依据骆驼体重和个体不同，屠宰时取 30～50L 的血液，则可计为放血效果良好。在屠宰过程中要注意的是，必须有 40%～60%血液流失，这样才能有效加速骆驼脑死亡，并抑制细菌滋生。

3. 剥皮

（1）传统剥皮法　双峰驼在宰杀、放血过程中，会将其颈部朝后弯曲，但是向后弯曲的颈部会不易剥皮。因此，在放血完毕后，通常从第 6 个和第 7 个颈椎间断开，将脖子及以上的部位从整个身体上割断。之后将食管与气管分离并从根部扎住食管，以防食物从瘤胃中倒流，污染胴体。

传统上，双峰驼是以蹲伏的姿势在地板上进行手工剥皮（图 3-1）。但是由于该方法会影响胴体的品质，因此，一些肉类开发商使用摇篮系统进行剥皮。摇篮系统能够大大减少劳动力，提高劳动效率和肉品质。剥皮时注意把皮与肉之间的黏膜带到肉上，不要让驼皮回卷，以免污染胴体。

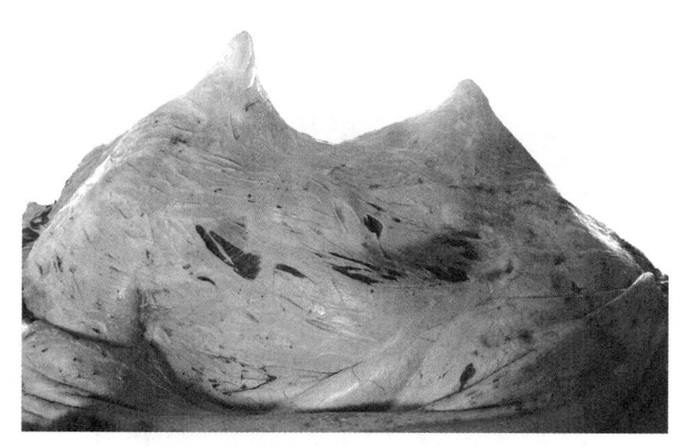

图 3-1　蹲伏剥皮的过程

骆驼传统剥皮具体操作如下：①在整个身体处于蹲伏状态时，从后背开始沿着背面中线切割，促使皮置于腹部两侧，从而减少灰尘和污物对胴体的污染。②从膝关节部位切除前、后腿。③从骆驼的后背脊柱部位，沿中线开始剥皮，直到骆驼的腹部完全脱皮。④剥皮完毕后，用手扯皮，避免采用刀进行剥皮而对肌肉产生一定程度的破坏，从而影响肉的品质。⑤当腿、胸、腹各部位完成剥皮之后，用锯子将胸骨劈开；将胴体从跟腱部位倒挂在挂架上。⑥沿肛门四周将与驼皮相连接的组织剥离开，在操作过程中须将肛门扎紧，避免胃肠道内容物污染胴体。⑦顺利剥皮主要取决于皮与肉的结合程度。剥皮完毕后，将驼峰从含有结缔组织的背部切割，若驼峰较大，可将其切割后挂在架上；若驼峰较小，可直接附于胴体上。⑧皮下脂肪位于驼峰内，去除皮下脂肪有利于机体的降温。⑨肩部从胸腔和前腹部切除，并将肋骨从侧腹分割。⑩从胴体内摘取内脏。

（2）现代屠宰剥皮法　现代的屠宰厂通常采用吊钩把宰杀后的骆驼悬吊起来，并保持骆驼的头是朝下的姿势。在此状态下，对悬吊的骆驼进行去头、剥皮、去前腿等一系列的操作（图 3-2）。为了方便，工作人员在摘取内脏和胴体检疫等过程中也会选择将胴体倒吊进行操作。有些屠宰厂的工作人员通常将骆驼击晕后，先把骆驼的头、前腿切割后再将其悬吊，之后按尾部到头部的顺序进行剥皮。但剥皮时通常会发现皮下的肉发白，这主要是由于胴体中也存在皮下脂肪。

4. 摘取内脏　摘取内脏包括剥离食管、器官、锯胸骨、开膛（剖腹）等工序。沿颈部中线用刀划开，将食管和气管剥离。用电锯由胸骨正中锯开。开腔时沿腹部正中纵向切开腹膜，取出胃、肠、脾、食管、膀胱、直肠等，再划开横膈肌，取出心、肝、胆、肺和气管，放在指定地点或容器内以备检。开膛时避免弄破胃肠，以免粪

图 3-2 双峰驼的倒挂剥皮

便污染胴体。将骆驼进行放血、剥皮及摘取内脏、消化道、呼吸道、排泄器、生殖器、循环器官等一系列的操作后，对胴体外表进行最小限度的修整，才能够满足胴体检验标准。

5. 劈半、截断 骆驼剥皮后，先用电锯沿脊柱中心开始分锯，把驼体从盆骨、腰椎、胸椎、颈椎正中锯成左右两片，称为二分体（图 3-3）。然后在每半胴体的第 12 根肋骨和第 1 个腰椎之间分割，将其分为前躯和后躯两部分，称为四分体（图 3-4）。前躯部分可用钩子在肋骨部位挂吊；后躯部分含有大而嫩的肌肉，是整个胴体最重要的部位。随着骆驼年龄增长，其骨头会变硬，会更不易劈开。

6. 修割整理 修割整理一般在劈半后进行，主要是把肉体上的毛、血、零星皮块、粪便等污物和肉上的伤痕、斑点、放血道口周围的血污修割干净，然后用压力较大的水龙头进行全面冲洗。冲洗后立即置于排酸间进行排酸处理。

7. 排酸 排酸是指经过严格检疫的骆驼屠宰后立即进入冷却环境中采用相关的设备进行冷处理，使肉体温度和 pH 快速降低，在 24h 之内 pH 下降到 6 以下，温度冷却到 0～4℃，使肉完成成熟过程（排酸过程），然后进行分割、剔骨、包装，并在低温环境中进行加工、贮藏、配送、销售。

胴体温度和卫生条件是影响驼肉嫩度的重要因素。研究发现，迅速降低宰后胴体温度、排出胴体内部热量能够有效地抑制微生物的生长。此外，综合性的控制卫生条件是最大限度延长肉保质期的一种方法，并且是保证肉品安全最有效的方法。

8. 胴体分割 将排酸后的四分体按不同部位、不同等级、不同肌肉块进行分割并修正，除去碎骨、结缔组织、淋巴、淤血及其他杂质。

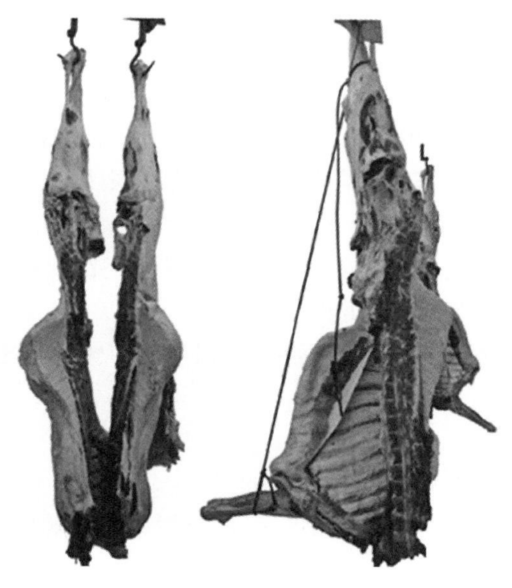

图 3-3　驼肉体劈成二分体

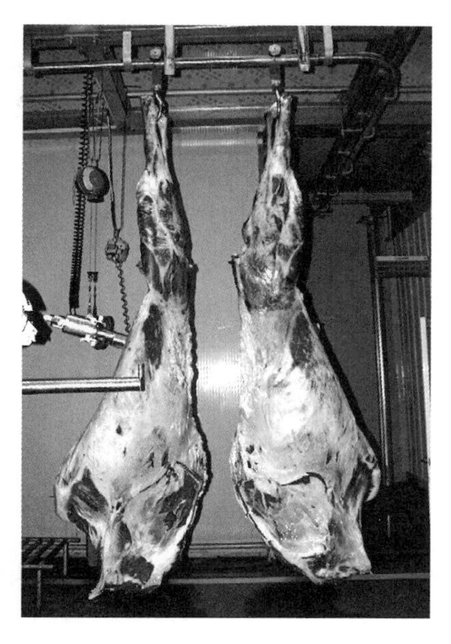

图 3-4　驼肉体劈成四分体

二、宰后检验及处理

宰后检验的目的是发现各种妨碍人类健康或已丧失营养价值的胴体、脏器及组织，并作出正确的判定和处理。宰后检验是肉品卫生检验最重要的环节。宰前检查只能剔除症状明显的病驼和可疑病驼，处于潜伏期或症状不明显的骆驼则难以发现，只有结合宰后对胴体、脏器做直接的病理学观察和必要的实验室化验进行综合分析判断才能检出，因此，宰前检查是基础，宰后检查是继续和补充。肉类检测数据在流行病学和预防兽医学中发挥着重要作用。肉和脏器的专业检验和判断是必要的，以便确保供人类消费的驼肉合格。

（一）检验方法

宰后检验是宰前检查的继续和补充，对于消费者的健康起着至关重要的作用。骆驼在屠宰厂屠宰时可能携带着慢性或亚临床感染，在屠宰前检疫难以检出某些疫病和病变，如疫病处于潜伏期、发病初期、隐形感染阶段或临床症状不明显的疫病等。宰后检验主要以感官检验为主，即在自然光线的条件下检验人员借助检验工具，按照规定的检验部位，通过视检、剖检、触检、嗅检等方式对宰后的骆驼胴体和脏器（肺脏、肝脏、心脏、肾脏和脾脏）进行病理学诊断和处理。必要时辅以细菌学、血清学、组织病理学、理化学等实验室检查，对肉及脏器进行合格判断，确保肉的卫生。

1. 视检　首先对皮肤、肌肉、脂肪、内脏等的暴露部分进行观察，以了解其外表色泽、形态大小等是否正常，这是宰后检验的重要一环。

2. 剖检 除了上述暴露部分的观察外，还必须按《肉品卫生检验规程》的规定要求，剖检若干部位的淋巴结、脏器组织、肌肉、脂肪等，以观察其组织性状、大小、色泽变化等是否正常，从而做出正确的判断。剖检时，注意淋巴结应进行纵剖，肌肉必须顺纤维方向切开。非必要时不得横切，以缩小污染面，并保持商品的完整美观。

3. 触检 肌肉组织和脏器有时在表面不显任何病变，如不以手触摸，则往往不能发觉内部病变。

4. 嗅检 嗅检是辅助观察、剖检、触检方法而采取的一种必要方法。肉品腐败后有特异的气味，检验时可以按其异味轻重而做出适当的处理。

5. 实验室诊断 肉品宰后检验过程中，有些疾病往往不能单凭上述各项检验方法所断定，必须借助于实验室诊断才能正确判断。

（二）胴体各部位检验

1. 头部检验 首先观察唇、齿龈及舌面，注意有无水泡、溃疡或烂斑，并触摸舌体，观察口腔黏膜和扁桃体。检验两侧下颌淋巴结、耳下淋巴结和内外咬肌。多数淋巴结化脓、干酪变性或有钙化结节的、咬肌上见有灰白色或淡黄绿色病变的，患开放性骨瘤且有脓性分泌物的或在舌体上生有类似肿块的头部做非食用处理，并将甲状腺割除干净。

2. 肉尸检验 首先判定其放血程度，这是评价肉品卫生质量的重要标志之一，放血不良的特征是肌肉颜色发暗，皮下静脉血液淤滞。同时，尚须仔细检查皮肤、皮下组织、肌肉、脂肪、胸腹膜、骨骼等，注意有无出血、皮下和肌肉水肿、肿瘤、外伤、肌肉色泽异常、四肢病变等症状。剖检股前淋巴结、肩胛前淋巴结，必要时还要剖检腰下淋巴结。

3. 旋毛虫检验 检验内脏时，割取左右膈肌脚两块，进行旋毛虫检验。

胴体经上述初步检验后，还须经过一道复检，即终点检验。这项工作通常与胴体的打等级、盖检印结合起来进行。当出现单凭感官检验不能确诊时，应进行细菌学、病理组织学等检验。

（三）检验后肉品的处理方法

胴体和内脏经过卫生检验后，可按情况分别做出如下处理。

1. 正常胴体及内脏 胴体和内脏经检验确认来自健康骆驼，在肉联厂或屠宰厂加盖“兽医验讫”印后即可出厂销售。

2. 患有一般传染病、轻症寄生虫病和存在病理损伤的胴体及内脏 根据病损性质和程度，经过各种无害化处理后，使传染性、毒性消失或使寄生虫全部死亡者，可以有条件地食用。

3. 患有严重传染病、寄生虫病和存在中毒、严重病理损伤的胴体及内脏 不能食用，可以炼制工业油或骨肉粉。

4. 患有炭疽病、鼻疽、瘟疫等烈性传染病的胴体和内脏 必须用焚烧、深埋、湿

化（通过湿化机）等方法予以销毁。

（四）不正常和普遍的病理状态

1. 状态不佳 明显的特征是肌肉颜色较深，切割面发硬、发干。这种肉放置一段时间后，切割面会变得更干燥，颜色也会变暗。

判断：这些肉是适合人类食用的，如果肉状态处于判断标准的边缘，则可以放置12～24h之后再做出最终判断。

2. 消瘦 这种病态状况可能是由一些慢性疾病引起的，如慢性细菌性肠炎、慢性锥虫病或寄生虫感染等。它的特点是消耗肌肉组织和减少脂肪的含量，在晚期会变得柔软和呈现凝胶状。肉呈现柔软、松弛、渗出水、无弹性且表面湿润。

判断：完全废弃。当存在疑问时，在最终判断前应将肉放置12～24h。

3. 浮肿或水肿 水肿是指身体的组织或浆液囊中液体的过度积累，如全身水肿（全身性水肿）或心包积液、胸腹水。这种症状多出现于心脏和肾脏组织及慢性消耗性疾病（结核病、副结核病、寄生虫病等）中。

判断：一般来说，其肉完全废弃。

4. 有热病症状的肉 有热病症状的肉是由细菌或病毒及其毒素作用引起的。肉颜色较深并伴随着出血的小散瘀斑。器官和淋巴结是充血的，胸膜、腹膜及脂肪显示出弥漫性红斑。

判断：完全废弃。

5. 异常气味 双峰驼中尤其是雄性在屠宰后散发的异常气味最为明显，原因在于：①服用松节油或氯仿不久后进行屠宰；②性气味，主要是来源于成年雄性，尤其是在发情期间，这种气味是由高水平的雄激素引起的。

判断：有明显气味时所有肉体都应完全废弃。

6. 棘球蚴病 囊型棘球蚴病又称包虫病，是世界上最主要的人畜共患寄生虫病之一。骆驼患棘球蚴病的概率高于其他动物，其中年长的骆驼有相对较高的感染率。骆驼的肺部被感染的频率很高，其次是肝脏、脾脏和肾脏。屠宰后可进行视检、触检、切口检测等，判断是否被感染。

判断：当有几个囊肿存在时，应该将其周围的组织去除。当感染严重时，整个内脏应当被废弃。

7. 淋巴结 淋巴结遍布全身。在肉品检测中，它们将用来反映健康状况。骆驼肉在世界许多地区被食用且其淋巴结是屠宰厂必须检查的项目。骆驼淋巴结与其他哺乳动物的不同之处在于其含有分叶状和血液鼻窦。下颌和咽后的淋巴结节和弥散淋巴组织分散在整个身体，而不是皮质和髓质淋巴组织。

判断：若发现化脓、出血、肿胀的病变，则必须割除淋巴结，并对胴体表面、腹腔再做一次全面的检查。

8. 干酪性淋巴结炎 双峰驼的干酪性淋巴结炎是由假结核棒状杆菌和棒状杆菌溃疡引起的。患有此病的成年骆驼应该给予治疗。该疾病的特征是在其外部和内部形成

脓肿，从而影响5岁以上成年骆驼生长。大多数情况下，胴体外部的淋巴结会被影响，如腹颈淋巴结、颅颈淋巴结、腹股沟浅淋巴结以及乳腺和腋窝淋巴结。有时多个大型脓肿还出现在内脏，特别是肺部。如果淋巴结脓肿和内部器官像橘子一样大，骆驼会显现出严重的消瘦，应被检测。该脓肿由相对较厚的坏死组织和纤维组织层包裹而成，是无味、无颗粒、无钙化的均匀奶油状黄白色脓液，有时带有血丝。有一些骆驼的周围淋巴结稍有增大但没有脓肿的形成。

判断：采取部分废弃；如果呈现消瘦状态，则应总体废弃。

9. 慢性细菌性肠炎（副结核病） 副结核病是由副结核分枝杆菌亚种引起的慢性传染病，对于双峰骆驼是严重和致命的。受影响的骆驼表现为严重消瘦，肠系膜淋巴结肿大，回肠发红。副结核病变可在回肠、结肠、直肠、肝脏和脾脏进行检测。该病对骆驼肝脏的损害具有较高的概率。从浆膜表面可看到由肉芽肿的病变引起的增厚的波纹黏膜。肠系膜淋巴结肿大，包含着灰色肉芽肿。有报道称未分化的淋巴结也会被感染。

判断：当存在消瘦和水肿的状况时，建议在做出判断之前，将肉放置12～24h。如果肉质仍然潮湿，不紧实，则废弃肠道；如果有严重的消瘦，则建议完全废弃。

10. 呼吸系统 骆驼屠宰后的肺部通过视诊和触诊检查病变。病变的切口需进一步观察。肺炎由细菌、病毒、异物或寄生虫引起。引起骆驼得肺炎的细菌包括凝固酶阴性葡萄球菌、链球菌属、大肠杆菌、土拉弗朗西斯菌、黄杆菌属、支气管炎博德特氏菌、金黄色葡萄球菌、铜绿假单胞菌等。肺纤维化、慢性间接性肺炎和肺脓肿是双峰驼肺中最常见的病变。肺部慢性胸膜肺炎、胸膜炎和多发性脓肿在老年骆驼中常被检测出。

判断：肺或全身感染，均意味着其肉要全部废弃。反之，受影响的部分应予以废弃。

11. 肾脏 骆驼肾脏是豆形和非分叶状。肾脏应除去膜后纵向等分，露出皮质和髓质。

判断：在形状、颜色、大小不正常或存在任何病变时都应将肾脏完全废弃（图3-5、图3-6）。

图3-5 骆驼肾脏的正常外观

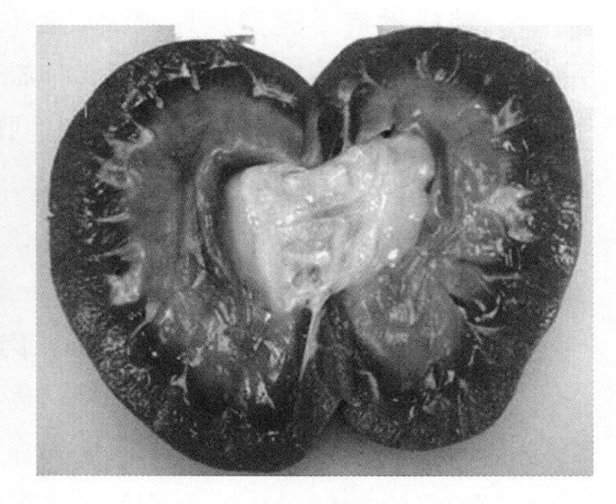

图3-6 变色的骆驼肾脏

12. 肝脏 双峰驼的肝脏具有奇特的形状，不同于其他家畜，整体形状略呈三角形，有四个叶，即左叶、右叶、方叶和尾叶。肉类检测时经常发现骆驼的肝脏疾病，如肝脂肪沉积和肝硬化。对肝脏进行视检、触检以及切口检测，对各小叶和切口表面进行仔细检测。

判断：肝脏在病变严重的情况下应该废弃。肝脏上有时发现肿瘤样物，这是不明原因的新组织异常增生所致。发现小肿瘤时，可与周围组织一起剔除；但当大的肿瘤物占据了大部分的肝脏时，不能食用，应全部废弃。

（五）宰后驼肉胴体表面的处理

在屠宰过程中常会发生高频率的微生物污染并产生大量对驼肉品质有害的细菌。目前，研究者已在屠宰后的骆驼胴体上发现沙雷氏菌、克雷伯菌、奇异变形杆菌等多种细菌。因此，在屠宰、分割的每个环节都要采取一定的措施来降低细菌总数和致病菌的数量。

1. 胴体照射杀菌处理 照射能对胴体的表面微生物数量控制起到很重要的作用。实践中常用γ射线照射来减少驼肉表面微生物数量，提高驼肉的品质。据研究发现，利用2～6kGy剂量的γ射线照射后驼肉中微生物的数量明显减少，在4℃条件下的冷藏时间得到明显延长，但γ射线照射和贮藏过程中均会产生脂质氧化的作用。骆驼肌肉中含有大量的抗氧化成分，有一定的防止氧化作用。

2. 益生菌喷淋处理 目前，研究者已从骆驼肉中成功分离出德氏乳杆菌保加利亚亚种，并发现其具有抑制多种细菌活性，如大肠杆菌、假单胞杆菌、肺炎克雷伯菌、金黄色葡萄球菌、柠檬酸杆菌等。屠宰清洗后的胴体上可喷淋一些乳酸菌液，抑制胴体表面细菌生长。

3. 喷淋有机酸溶液 据研究，用有机酸盐混合溶液，即乙酸钠（10%）、山梨酸钾（1.5%）、乳酸钠（5%）和柠檬酸钠（1.5%）等混合液喷淋胴体表面，能够有效地延长驼肉保质期，其中乙酸钠具有延长货架期12d以上、减少驼肉表面变色的功效。此外，据报道，天然防腐剂（如蔬菜提取物）或表面含有抗菌活性物质的多酚或草药提取物均对延长驼肉的货架期有作用。

三、阿拉善双峰驼屠宰性能及肌纤维组织学性状

阿拉善双峰驼宰前禁食12h、停水2h进行活体称重，测量体高、体长、胸围。宰后逐一称量胴体重、各部位重及净肉重等并计算屠宰率、净肉率。阿拉善双峰驼不同年龄段屠宰性能见表3-1。

表3-1 阿拉善双峰驼不同年龄段屠宰性能

部位	年龄（岁）		
	6	8	10
头重（kg）	18.25±1.08[a]	20.37±1.42[a]	20.23±2.08[b]
蹄重（kg）	17.30±1.47[a]	17.53±2.10[a]	18.08±3.63[a]
皮重（kg）	42.83±5.00[a]	42.38±4.58[a]	42.92±7.00[a]

（续）

部位	年龄（岁）		
	6	8	10
胴体重（kg）	484.03±48.06[a]	504.17±37.96[b]	508.83±76.40[b]
活重（kg）	248.25±60.05[a]	263.76±35.20[b]	259.25±59.50[b]
净肉重（kg）	178.38±54.34[a]	198.67±74.26[b]	189.08±62.49[c]
屠宰率（%）	50.86±7.08[a]	54.88±4.08[b]	51.22±6.28[a]
净肉率（%）	35.76±8.47[a]	39.14±10.34[b]	37.79±9.32[c]

注：同行上标不同小写字母表示差异显著（$P<0.05$），相同小写字母表示差异不显著（$P>0.05$）。

由表 3-1 可知，6 岁阿拉善双峰驼头重、蹄重与 8 岁相比差异不显著（$P>0.05$），10 岁阿拉善双峰驼头重显著大于 6 岁（$P<0.05$），而蹄重与 6 岁相比差异不显著（$P>0.05$）。6 岁、8 岁、10 岁阿拉善双峰驼皮重差异均不显著（$P>0.05$）。8 岁、10 岁阿拉善双峰驼活重均显著大于 6 岁（$P<0.05$），但 10 岁与 8 岁相比差异不显著（$P>0.05$）。8 岁、10 岁阿拉善双峰驼胴体重均显著大于 6 岁（$P<0.05$），8 岁与 10 岁相比差异不显著（$P>0.05$）。8 岁阿拉善双峰驼净肉重与 6 岁、10 岁相比差异均显著（$P<0.05$），10 岁显著大于 6 岁（$P<0.05$）。阿拉善双峰驼 6 岁、8 岁、10 岁屠宰率、净肉率均呈先上升后下降的趋势，8 岁阿拉善双峰驼屠宰率、净肉率与 6 岁、10 岁相比差异均显著（$P<0.05$）。

采集相同部位的臂三头肌、股二头肌、背最长肌样品，每块成约 2.0cm×2.0cm×2.0cm 的立方块，以中性福尔马林溶液固定，以梯度乙醇脱水，石蜡包埋。每例样品制作 5 张苏木精-伊红（H.E.）染色切片，光学显微镜观察，Image-Pro Plus 6.0 软件测量单根肌纤维横截面积。阿拉善双峰驼不同年龄肌纤维比较结果见表 3-2。阿拉善双峰驼不同年龄肌肉组织学观察结果见图 3-7。

表 3-2 阿拉善双峰驼不同年龄肌纤维比较结果

年龄（岁）	肌肉部位	组织学性状		
		肌纤维直径（μm）	肌纤维面积（mm^2）	肌纤维密度（条/mm^2）
6	臂三头肌	43.85±7.78[aa]	1 641.43±107.54[aa]	335.07±10.64[aa]
	股二头肌	46.87±3.91[aa]	1 652.18±109.63[aa]	332.89±15.86[aa]
	背最长肌	42.29±3.90[aa]	1 630.47±108.32[aa]	337.32±11.42[aa]
8	臂三头肌	48.41±7.82[ab]	1 733.09±111.23[ab]	314.85±16.74[ab]
	股二头肌	51.79±3.54[ab]	1 746.26±106.43[ab]	313.82±12.63[ab]
	背最长肌	46.02±6.87[ab]	1 704.85±114.52[ab]	320.61±10.64[ab]
10	臂三头肌	47.87±8.67[ab]	1 762.19±106.48[ab]	312.11±15.64[ab]
	股二头肌	51.86±8.72[ab]	1 758.37±121.94[ab]	312.79±16.14[ab]
	背最长肌	45.78±8.64[ab]	1 733.48±110.48[ab]	317.28±16.12[ab]

注：同列上标第 1 个不同字母表示相同年龄、不同部位相比差异显著（$P<0.05$），第 2 个不同字母表示不同年龄、相同部位相比差异显著（$P<0.05$），相同字母表示差异不显著（$P>0.05$）。

由表 3-2 可知，6 岁、8 岁、10 岁阿拉善双峰驼肌纤维直径均呈现股二头肌>臂三头肌>背最长肌，相同年龄、不同部位相比差异不显著（$P>0.05$），8 岁、10 岁阿拉善双峰驼单根肌纤维直径均显著大于 6 岁（$P<0.05$），8 岁阿拉善双峰驼单根肌纤维直径与 10 岁相比差异不显著（$P>0.05$）。6 岁、8 岁阿拉善双峰驼肌纤维面积均呈现股二头肌>臂三头肌>背最长肌，10 岁阿拉善双峰驼肌纤维面积呈现臂三头肌>股二头肌>背最长肌，相同年龄、不同部位相比差异不显著（$P>0.05$）。8 岁、10 岁阿拉善双峰驼单根肌纤维面积均显著大于 6 岁（$P<0.05$），10 岁与 8 岁相比差异不显著（$P>0.05$）。6 岁、8 岁阿拉善双峰驼肌纤维密度均呈现背最长肌>臂三头肌>股二头肌，10 岁阿拉善双峰驼肌纤维面积呈现背最长肌>股二头肌>臂三头肌，相同年龄、不同部位相比差异不显著（$P>0.05$）。6 岁阿拉善双峰驼单根肌纤维密度均显著大于 8 岁（$P<0.05$），而 10 岁与 8 岁相比差异不显著（$P>0.05$）。

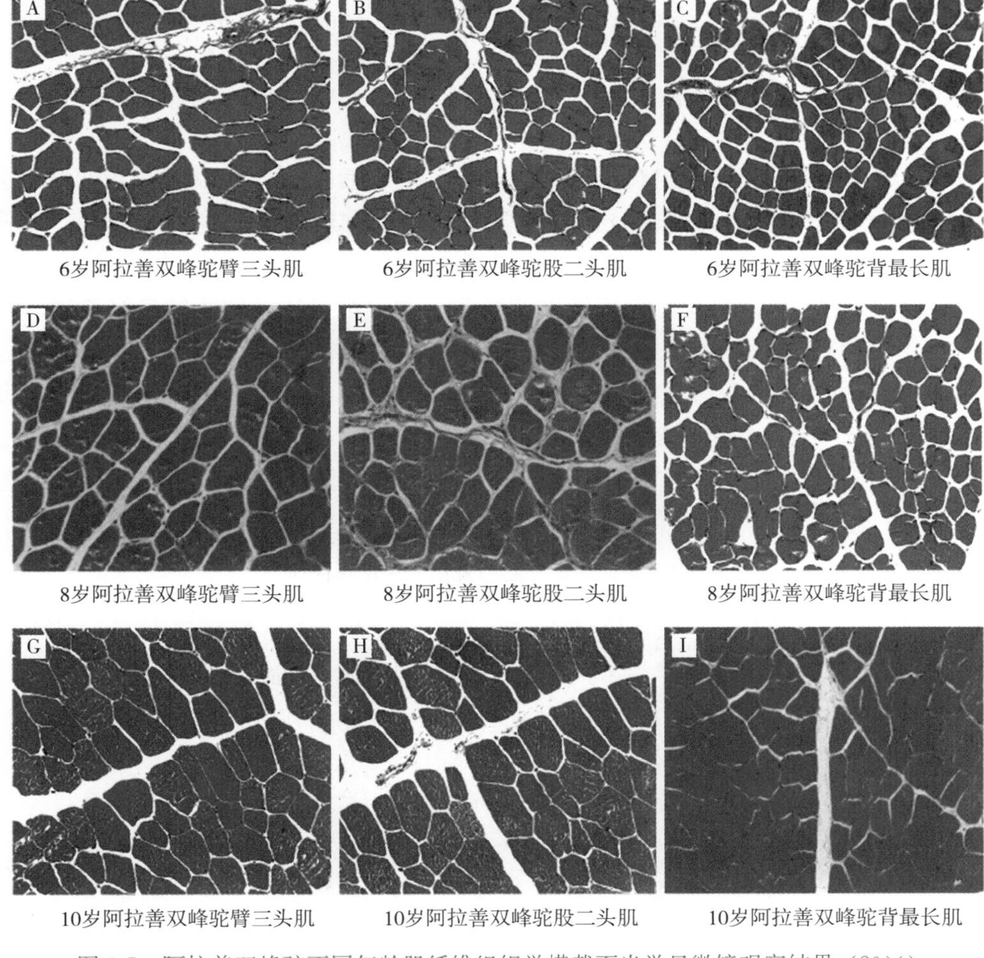

图 3-7　阿拉善双峰驼不同年龄肌纤维组织学横截面光学显微镜观察结果（20×）

根据 Stickland 等（2018）研究结果表明，肌纤维数在出生前就已固定，因此在出生后的生长发育中主要是肌纤维直径与面积的增加，可见肌纤维面积与直径的变化能体现肌肉的生长速度，并且能够从侧面反映出肉质的细嫩程度。试验结果表明，8岁阿拉善双峰驼单根肌纤维直径及面积均显著大于6岁，6岁阿拉善双峰驼肌纤维密度显著大于8岁、10岁，这表明8岁、10岁阿拉善双峰驼产肉量的增多与其肌纤维直径及横截面积的增大有关。一方面，随着阿拉善双峰驼年龄的增长，肌纤维直径不断增大，肌内、肌束间空间增大，增大的空间被脂肪组织和结缔组织填充。肌纤维的密度越大，肌内脂肪的沉积越多，结缔组织填充越多；相反，肌纤维直径越大，肌内脂肪沉积越少，结缔组织就越少。另一方面，肌纤维面积取决于肌纤维中蛋白质的合成与降解，可以推测，当阿拉善双峰驼生长到8岁左右时，其肌内蛋白质的动态平衡基本趋于稳定。结合屠宰试验及肌纤维组织学性状研究结果，初步推测阿拉善双峰驼的最佳屠宰年龄为8岁，这也与现阶段阿拉善地区实际屠宰骆驼的年龄相符。然而，最终屠宰时间的确定还需要通过一系列肉质性状的检测并结合饲料转化率等多种条件综合确定。

四、骆驼屠宰副产品

目前关于骆驼副产品的记载资料很少，传统上宰后骆驼副产品常可被直接食用，或制作一些传统肉制品（如杂碎）。通常修整后骆驼胴体约占活体重的55%，其副产品和肠道内容物约占活体重的45%。由于骆驼肉及其相关副产品富含较高的动物性蛋白质，因此，驼肉及其可食用的副产品是动物性蛋白缺乏地区的良好选择。

由于不同国家和地区的骆驼品种、个体差异和营养状况不同，宰后骆驼副产品所占活体比例有所不同。双峰驼共含有约4.2%内脏（心、肝、肺）；副产品中最重的是皮，其次是肠，最轻的是脾脏和生殖器官。此外，双峰驼有较大的肾脏，其直径约为50cm，约为牛的2倍、羊的4倍。骆驼的四肢和皮所占比例较高，但头部所占比例较低（表3-3）。

表3-3 胴体和副产品的重量及占净重的比例

项目	重量（kg）		占净重比例（%）	
	均值	范围	均值	范围
胴体	208.50±38.70	141.00～310.00	60.7±2.09	55.75～65.11
驼峰	4.00±4.30	1.00～20.00	1.10±1.04	0.50～4.45
心肺	8.40±1.13	6.50～10.50	2.50±0.33	1.78～3.36
肝	7.50±1.45	4.50～11.00	2.20±0.41	1.47～3.45
头（去皮后）	12.10±1.81	8.00～16.50	3.60±0.32	2.80～4.49
蹄	14.60±2.25	10.50～19.50	4.30±0.37	3.31～5.16
皮	34.80±6.11	22.50～47.00	10.20±0.81	8.50～11.76

据报道，双峰驼驼肉具有高蛋白、低脂肪、低胆固醇及氨基酸、矿物质和不饱和

脂肪酸丰富等优点。骆驼副产品中含有较高的蛋白质、B族维生素、锌、铁、铜等营养物质。因此，双峰驼的可食用副产品中含有丰富的营养物质，可以作为人们日常饮食，如骆驼的心、肝、肺、脾、胃、舌头、大脑可食用，小肠和大肠处理后可作为肠衣（表3-4）。骆驼的皮虽被视为不可食用的副产品，但是可以用来制作皮革制品和提取阿胶。值得注意的是，取出可食用的内脏后须用清水洗干净，并置于4℃冷藏或冻藏。

表3-4　双峰驼部分副产品的重量和用途

可食副产品	重量（kg）	用途
心	1.9～3.3	零售、制作杂碎
肝	7.2～9.7	零售、香肠、烤肝片
肺	2.3～4.1	零售
瘤胃	—	零售、内脏香肠
脾脏	0.4～0.8	零售、制作杂碎
肾脏	1.5～2.0	零售
气管和食管	1.8～3.6	制作杂碎
舌头	—	零售
肠	—	天然肠衣、香肠

第四节　驼肉的分级与分割利用

一、骆驼胴体分级

驼肉在批发零售时，根据其质量差异，划分不同等级并按等级论价。分级方法和标准，各个国家和地区都不尽相同。目前我国还没有出台驼肉的分级技术标准，只能参照牛肉、羊肉分级标准。一般都依据肌肉发育程度、皮下脂肪状况、胴体重量及其他肉质情况来决定胴体的级别。分级形式有胴体分级和部位肉分级两种，前者适于生产规划和商家批发所用，后者对加工利用和消费者更有直接意义。从目前的趋势来看，骆驼肉出口到欧洲、北美和亚洲的国际运输量逐年持续增加。在全球气候逐渐变暖和干旱地区扩大现象变得更加严重的今天，驼肉对世界蛋白质生产的贡献可能会逐渐增加，从而干旱地区的驼肉质量控制和优质出口驼肉分级新技术的发展更为重要。如果建立像牛羊肉的分割分级标准及分割技术规范，可提高驼肉的产量、质量及效益。

二、驼肉分割与分级

1. 分割初步概况　将屠宰排酸后的骆驼胴体二分体或四分体，首先分割成臀部肉、腹部肉、腰部肉、胸部肉、肋部肉、肩颈肉、前腿肉、后腿肉共八个部分。在此基础上再进一步分割成驼柳肉、西冷肉、眼肉、上脑肉、大黄瓜条、小黄瓜条、臀肉、膝圆肉、米龙肉、嫩肩肉、胸肉、腹肉、腱子肉等13块不同的肉块，是高档驼肉产品。

驼柳肉、西冷肉、眼肉重量占屠宰胴体重的10.52%～10.53%，目前在国内这三块肉的卖价较高，产值可占一峰驼肉总产值的50%左右。臀肉、膝圆肉、米龙肉、胸肉的重量占胴体重的13.85%～13.86%，这四块肉的产值占一峰驼肉总产值的15%～17%。

骆驼肉可以分为四个级别：一是特优级，里脊1个，重量约占屠宰胴体重的1.72%；二是高档级，上脑肉、眼肉、西冷肉共3个，重量约占屠宰胴体重的15.16%；三是优质级，嫩肩肉、米龙肉、膝圆肉、臀肉、大黄瓜条、小黄瓜条共6个，重量约占屠宰胴体重的17.81%；四是一般级，腱子肉、胸肉、腹肉共3个，重量约占屠宰胴体重的12.58%。

（1）驼柳肉　又称里脊，其分割步骤是：首先剥去肾脂肪，然后沿耻骨的前下方把里脊头剔出，再由里脊头向里脊尾逐个剥离腰椎横突，取下完整的里脊。里脊重量占骆驼胴体重的1.72%～1.73%，里脊在西餐中以烤驼排为主，中餐以炒为主。

（2）西冷肉　又称外脊，其分割步骤是：首先沿最后腰椎切下，然后沿眼肌腹壁一侧（离眼肌5～8cm向前）用切割锯切下，再在第9～10胸肋处切断胸椎，最后逐个把胸、腰椎剥离。外脊重量占胴体重的2.55%～2.56%。西餐以烤驼排食用，中餐熘炒食用。

（3）眼肉　眼肉的一端与外脊相连，另一端在第5～6胸椎处。剥离胸椎后在眼肌腹侧距8～10cm切下。眼肉重量占胴体重的6.19%～6.21%。西餐以烧烤食用。

（4）米龙肉　小米龙位于臀部，当后驼腱取下后，小米龙肉块便处于最明显的位置。分割时按小米龙肉块的自然走向剥离，为完整的一块肉。大米龙与小米龙紧紧相连，故剥离小米龙后，大米龙就暴露出来。顺着该肉块自然走向剥离，便可以得到一块完整的四方形肉块。米龙重量为驼胴体重的6.0%～6.1%。大米龙中餐熘炒，西餐可烤制驼排；小米龙可作酱烧肉产品，是制作火腿的原料之一。

（5）臀肉　把大米龙、小米龙剥离后，便可见到一大块肉，随着此肉块的边缘分割，即可得到臀肉。也可沿着被锯开的盆骨外缘，再沿本肉块边缘分割。臀肉重量占胴体重的2.27%～2.28%。臀肉适宜熘炒，不宜酱制。西餐常用作烤驼排，也是制作火腿的上等原料。

（6）膝圆肉　又名和尚头（驼霖）。当大米龙、小米龙、臀肉取下后，能见到一块长圆形肉块，沿此肉块周边（自然走向）分割，很容易得到一块完整的膝圆肉。膝圆肉重量占驼胴体重的3.83%～3.84%。膝圆肉在中餐中以熘炒食用较好，西餐以烤驼排食用，也是加工火腿的上乘原料。

（7）胸肉　在剑状软骨处随胸肉的自然走向剥离胸肉，修去部分脂肪。主要是胸大肌，其重量占胴体重的1.8%～1.9%。胸肉纤维稍粗，并有一定的脂肪覆盖，肉味甘甜，胶质含量较高，适合炖煮，口感较嫩，肥而不腻。

(8) 腱子肉　腱子肉分前后，一峰骆驼共有4块，重量占胴体重的3.6%～3.7%。其中前腱从尺骨端下刀，剥离骨头，后腱从胫骨上端下刀，剥离骨头取下。腱子肉常常用于红烧或酱制，切成片食用。

(9) 小黄瓜条　又称鲤鱼管，位于臀部，沿臀股二头肌边缘分割而出，肉块形如管状。主要由半腱肌等肌肉组成，重量占胴体重的1.18%～1.19%。小黄瓜条可用于火锅，西餐有驼扒切片。

(10) 大黄瓜条　又称会驼扒，是分割时沿半腱肌上端至髋骨结节处与脊椎平直切断的下部精肉。大黄瓜条在修整时，应去除脂肪、肌膜、疏松结缔组织和肉夹层筋腱，不得将肉块分解而去除筋腱。保持肉质新鲜，形态完整。大黄瓜条与里脊相似，纤维分布均匀，口感很好，稍嫩、酥，营养丰富，富有嚼劲，重量占胴体重的3.13%～3.14%，最适合用来做驼排，风味十足，异常美味。

(11) 上脑肉　其后端在第5～6胸椎处，与眼肉相连，前端在最后颈椎后缘。分割时剥离胸椎，去除筋腱，在背最长肌腹侧距离为6～8cm处切下。重量占胴体重的6.42%～6.43%，位于肩颈部靠后、脊骨两侧，肉质相对细嫩多汁，脂肪交杂均匀，有好看的大理石花纹。口感绵软，脂肪低而蛋白质含量高，可涮火锅，也可煎、炸和烧烤。

(12) 腹肉　分无骨肋排和带骨肋排，一般包括4～7根肋骨。重量占胴体重的7.21%～7.22%。

(13) 嫩肩肉　又称辣椒条，位于肩胛骨外侧，是从肱骨头与肩胛骨结节处紧贴冈上窝取出的形如辣椒状的净肉，由互相交叉的两块肉组成，重量占胴体重的1.40%～1.41%。结实而富有弹性，纤维较细，口感滑嫩，适合烧烤、炖、焖。

2. 双峰驼驼肉分级　对骆驼屠宰企业来讲，骆驼胴体分级和分割驼肉分级是实现优质驼肉生产的依据。但截至2019年，骆驼胴体分级和分割肉品质分级在许多驼肉生产国家还没有相应国家标准，也没有国际标准。因此，骆驼产业需要建立统一的骆驼胴体评判标准。有关研究表明，胴体的可食比例和可食部分的风味特性是决定胴体品质的基本因素。因此，骆驼胴体的价值评估首先从驼肉的质量特性（作为肉风味的衡量标准）和去骨后的净肉总重量（作为胴体可食比例的评判依据）进行判断。

(1) 优质驼肉　双峰驼严格按规范工艺进行屠宰、加工，品质达到优质标准的驼肉称为优质驼肉。

(2) 成熟　指骆驼被宰杀后，其胴体或分割肉在低温（通常在1～4℃）、无污染的环境内放置一段时间（36～48h）后，使肉的pH下降至极限后回升，嫩度和风味得到改善的过程（俗称排酸）。

(3) 生理成熟度　反映骆驼的年龄。评定时根据胴体脊椎骨（主要是最末三根胸椎）脊突末端软骨的骨化程度来判断，骨化程度越高，骆驼的年龄越大。除骨质化判断外亦可依照门齿来判断年龄。

(4) 大理石花纹肉　反映背最长肌中肌肉脂肪的含量和分布指标，通过背最长肌横切面中白色脂肪颗粒的数量和分布来评价。

第四章 骆驼宰后的肉质变化

CHAPTER 4

动物屠宰后，虽然生命停止，但在体内存在着各种酶，许多生物化学反应还没有停止，经过一系列的宰后变化，才能完成从肌肉到食肉的转变。宰后肉的变化包括肉的尸僵、肉的成熟、肉的腐败三个连续而复杂的变化过程，其变化结果直接影响肉的食用品质。动物刚屠宰后，肉温还没有散失，这种生鲜状态的热鲜肉经过一定时间，肉的伸展性消失，变为僵硬状态，称为死后僵直，此时的肉加热食用是很硬的，其持水性也差，不适于加工。如果继续储存，经过僵直肉的自身解僵，其僵直状态逐步缓解，变得柔软多汁，风味提高，称为肉的成熟。成熟肉在不良条件下储存，经酶和微生物作用分解变质，称为肉的腐败。在肉品工业生产中，要控制尸僵、促进成熟、防止腐败。

第一节　肌肉收缩基本原理

一、活体中肌肉收缩基本原理

（一）活体中肌肉收缩的神经调控

1. 神经的结构　神经系统调节机体内的所有生理活动。骨骼肌的收缩运动就是通过大脑或脊髓神经系统的神经刺激引起冲动，通过神经纤维传导到轴突终端刺激肌纤维而引发的。现代电子显微镜技术已经证明每一条骨骼肌的肌纤维都由特殊的神经细胞所支配（图 4-1）。运动神经细胞一般通过 6 个部分来实现神经细胞的调节和控制功能（图 4-2）。

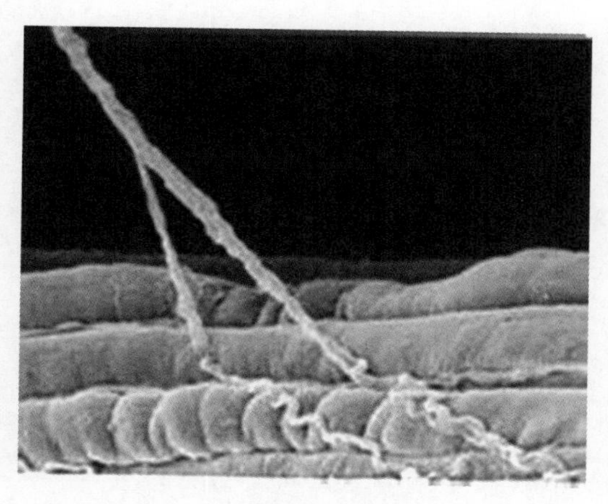

图 4-1　骨骼肌纤维与神经轴突纤维连接的扫描电子显微镜图像

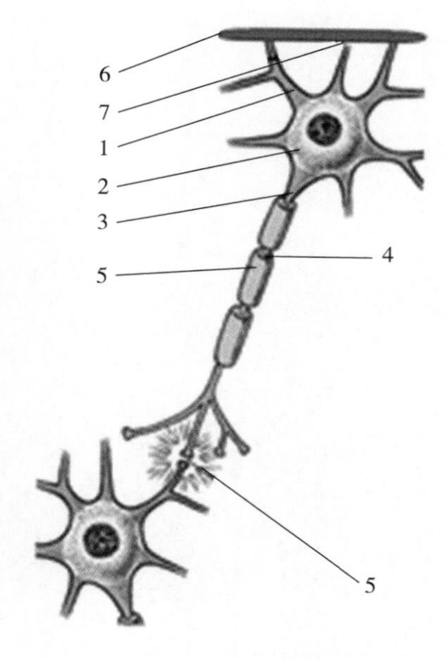

图 4-2　运动神经纤维的结构

1. 枝状突起　2. 神经细胞体　3. 轴突丘　4. 神经轴突　5. 郎飞氏结　6. 神经突终端　7. 肌纤维

2. 神经细胞与肌细胞膜电位的产生与传导 当活体细胞处于正常静息状态时，细胞内外总是存在着电位差，通常为10～100mV，依细胞种类不同而不同。但在静息神经及肌纤维中电位通常是90mV。这些纤维内外含有浓度大致相同的正负离子。通常细胞膜内的细胞液中负离子稍微过量，而细胞膜外正离子稍微过量，这种静息膜电位是细胞外表面为正、内表面为负。

神经、肌肉中静息细胞膜电位来自：①跨膜主动运输；②膜对离子和小分子的选择通透性；③细胞内外液特有的离子组成。在细胞外液中的 Na^+ 和 Cl^- 浓度高，K^+ 和不扩散负离子浓度很低，而在细胞内液中则刚好相反。细胞质膜两侧 Na^+ 和 K^+ 的浓度差靠 Na^+ 的主动输出和 K^+ 的主动输入来维持，完成主动运输的系统存在于细胞膜上，通常称为 Na^+-K^+ 泵，逆浓度梯度运输的能量由ATP分解提供。膜对 K^+ 的通透性是 Na^+ 的50～100倍，因此 K^+ 比 Na^+ 更容易通过膜。再考虑到细胞膜两侧的浓度差，K^+ 的运输速度要远快于 Na^+。当然，细胞内液中的不扩散负离子是很难跨膜的，因此，跨膜的净电子流主要是带正电荷的 K^+ 扩散入细胞外液，而仅有一部分正电荷留在胞内。这样就造成了电性相反的离子在膜上的堆积，正离子在外表面，负离子在内表面，它们相互吸引，从而建立了静息膜电位差。但是，净正离子流出细胞膜并不是一直持续下去的，一旦静息细胞膜电位建立起来了，它就会阻止 K^+ 外流，电位越大，阻力越大。最终形成了一种平衡，在膜外表面由正离子形成了正电位。

和其他细胞一样，神经和肌纤维也都有膜电位，但其不同于其他细胞之处是它们能沿膜表面传递，称为动作电位的电冲动。当一个动作电位由运动神经传递给肌纤维时，它便触发肌肉收缩。动作电位沿神经纤维膜表面传递，实际上它是一种由膜内化学变化产生的反电极波，因此，动作电位常被看作一个电化学过程。如前所述，在静息状态下，膜外表面是电正性的。动作电位是由 Na^+ 对膜通透性的成百上千倍增大引起的，当 Na^+ 的通透性比 K^+ 大时，Na^+ 的内流导致了膜内部正电荷过量而外表面负电荷过量，从而逆转了静息膜电势。可是，不断增加的 Na^+ 通透性仅能维持几分之一毫秒，刚逆转的膜电位又将 Na^+ 通透性降至以前的低水平。外逸的 K^+ 电子流仍连续不断地建立起静息膜电位。此刻，膜内的 Na^+、K^+ 泵重新将 Na^+ 泵到胞外，将 K^+ 泵到胞内，而不破坏膜电位，动作电位经过神经纤维任一点的时间是0.5～1.0ms。

神经细胞与肌细胞膜可以接受指令性变化去完成其沿着膜自身传导电刺激的机能，这种特殊的功能是通过控制细胞膜对 Na^+ 和 K^+ 的渗透性来实现的。在肌细胞，膜电位的瞬时降低或去极化一般是由神经刺激引起的，这种去极化或膜电位的瞬时降低可以诱发肌肉收缩。

3. 神经-肌肉触点与冲动传导 引发肌肉收缩的刺激（动作电位）由神经纤维传递到肌纤维上的神经-肌肉触点。在此触点上，运动神经分为几个末梢，嵌入肌纤维膜的凹入部分，这些末梢紧紧粘在膜上，但并不穿入。神经-肌肉触点聚集在肌纤维表面形成运动终板。

虽然肌纤维受到强烈的神经冲动刺激会发生收缩，但神经中的电冲动强度还不足以独立完成此任务，需一种特别的机制来放大这种“电信号”，并将其传递到肌纤维。

当动作电位抵达运动终板，便引发了“信使”——乙酰胆碱的释放，乙酰胆碱贮存在神经末梢的泡囊里，每次动作电位到达时，泡囊里的一些内容物便被释放。当肌纤维膜和乙酰胆碱接触时，它对 Na^{+} 的通透性增强，膜的极性便逆转，此动作电位（与神经纤维中的类似）可沿肌纤维的长轴方向传递，但乙酰胆碱和肌纤维膜的作用时间仅有几毫秒，因为它很快就被胆碱酯酶破坏，该酶在神经肌肉接点处浓度很高。乙酰胆碱接触到肌纤维膜时产生的动作电位和在神经纤维中的几乎一样，主要的不同点在于动作电位持续时间不同。在骨骼肌纤维中持续 5～10ms，在神经纤维中持续 0.5～1ms。绝大多数肌纤维只有一个能将刺激传递到纤维各处的神经肌肉接点，动作电位由肌肉神经接点处始发并沿肌纤维膜双向前行，并刺激整个纤维，再由肌横小管系统传递到纤维内部的每个肌原纤维中。横小管始于肌纤维膜的凹陷部分，并不断汇入，横穿肌纤维。动作电位沿 T 小管进入纤维内部并传递到包围在每个肌原纤维周围的肌浆网上。

（二）骨骼肌的收缩

1. 骨骼肌收缩基本单位　肌肉是动物体不可缺少的组织，构成肌肉的基本单位是肌原纤维，在肌原纤维之间充满着液体状态的肌浆和网状结构的肌质网体。在肌浆中含有蛋白质及各种的酶类，包括酵解酶类，它与肌原纤维蛋白质、肌质网及肌肉死后变化有着非常密切的关系。

2. 骨骼肌收缩的原理　经过研究证明，每一个肌节间的细丝（肌动蛋白）和粗丝（肌球蛋白）之间的相对滑动，导致了肌节的变短，引起了肌肉的收缩。但是在整个收缩过程中，A 带的宽度是保持恒定的，肌节的缩短是靠 I 带和 H 带的缩短来实现的。随着收缩的进行，当肌肉达到最大收缩状态时，肌球蛋白细丝中肌球蛋白的头部滑动到 Z 线，使 I 带与 A 带基本上重合，H 带缩小到几乎等于零。此时电子显微镜观察不到 I 带、A 带、H 带的明显界线。骨骼肌收缩的“滑动学说”认为，掌握肌球蛋白粗丝如何在肌动蛋白细丝上滑动是理解骨骼肌收缩原理的关键。首先，当乙酰胆碱刺激细胞膜产生的电位冲动传导到包围肌纤维的肌浆网时，刺激肌浆网使储存在其中的 Ca^{2+} 释放出来，细胞内 Ca^{2+} 浓度的提高诱发结合在肌球蛋白头部的磷酸被释放出去，促使肌球蛋白-ADP 复合体与肌动蛋白的结合。同时肌球蛋白头部通过摆动轴由 90°摆动成 45°，带动肌动蛋白细丝移动，形成肌肉收缩，这时结合在肌球蛋白头部的 ADP 被释放出去。ADP 释放出去后，肌球蛋白头部的能量供应已经全部用尽，肌动蛋白与肌球蛋白处于一种牢固的结合状态，被称为尸僵复合体。如果没有 ATP 补充，这种尸僵状态将会持续下去，动物屠宰后的肌肉死后尸僵就是这个原理。但是在活体肌肉中，不断有 ATP 供应，当肌球蛋白分子头部结合 ATP 后，引发肌动蛋白与肌球蛋白结合的弱化，并使肌球蛋白头部从肌动蛋白中脱离。在肌球蛋白具有 ATP 酶活性和肌动蛋白的结合点，ATP 和肌动蛋白结合点竞争性地结合肌球蛋白头部，当有大量的 ATP 存在时，ATP 结合在肌球蛋白头部，从而抑制肌动蛋白与肌球蛋白复合体的形成。

二、宰后肌肉收缩与松弛的生物化学机制

肌肉处于静止状态时，由于 ATP 和 Mg^{2+} 形成复合体的存在，妨碍了肌球蛋白粗丝突起端与肌动蛋白的结合。肌原纤维周围糖原的无氧酵解及线粒体内进行的三羧循环，使 ATP 不断产生，以供肌肉的收缩之用。肌球蛋白头是一种 ATP 酶，它的激活需要 Ca^{2+}。

肌肉收缩时首先由神经系统（运动神经）传递信号，来自大脑的信息经神经纤维传到肌原纤维膜产生去极化作用，神经冲动沿着 T 小管进入肌原纤维，可促使肌质网体将 Ca^{2+} 释放到肌浆中。进入肌浆中的 Ca^{2+} 浓度从 10^{-7} mol/L 增高到 10^{-5} mol/L 时，Ca^{2+} 与细丝上的肌原蛋白钙结合亚基（TnC）结合，引起肌原蛋白 3 个亚基单位构型发生变化，使原肌球蛋白更深地移向肌动蛋白的螺旋槽内，从而暴露出肌动蛋白细丝上能与肌球蛋白头部结合的位点。Ca^{2+} 可以使 ATP 从其惰性的 Mg-ATP 复合物中游离出来，并刺激肌球蛋白的 ATP 酶，使其活化。肌球蛋白 ATP 酶被活化后，将 ATP 分解为 ADP、无机磷和能量，同时肌球蛋白粗丝的突起端点与肌动蛋白细丝结合，形成收缩状态的肌动球蛋白。

当神经冲动产生的动作电位消失，通过肌质网钙泵作用，肌浆中的 Ca^{2+} 被收回，肌原蛋白钙结合亚基（TnC）失去 Ca^{2+}，肌原蛋白抑制亚基（TnL）又开始起控制作用。ATP 与 Mg^{2+} 形成复合物，且与肌球蛋白头部结合，而细丝上的原肌球蛋白分子又从肌动蛋白螺旋沟中移出，挡住了肌动蛋白和肌球蛋白结合的位点，形成肌肉的松弛状态。如果 ATP 供应不足，则肌球蛋白头部与肌动蛋白结合位点不能脱离，使肌原纤维一直处于收缩状态，这就形成尸僵。

第二节　肉的僵直

屠宰后的胴体（肉尸），经过一定时间，肉的伸展性逐渐消失，由弛缓变为紧张，无光泽，关节不活动，呈现僵硬状态，这种现象称为肉的僵直。僵直的肉不易煮熟，肉硬且有粗糙感，肉汁流失多，缺乏风味，不具有可食肉的特征。这样的肉不适于加工和烹调。

一、宰后肌肉糖原的酵解

（一）糖酵解作用

肌肉中的脂肪和糖原是能量贮藏来源。肌肉中的糖原含量为 0.2%～0.8%。骆驼屠宰以后，糖原的含量会逐渐减少。其原因是，骆驼死后血液循环停止，供给肌肉的氧气就中断了，其结果促进糖原的无氧酵解过程，糖原被分解形成乳酸，使肉的 pH 下降。

（二）极限 pH

一般活体肌肉的 pH 保持中性（7.0～7.2），死后由于糖原酵解生成乳酸，肉的 pH 逐渐下降，一直到阻止糖原酵解酶的活性为止，这个 pH 称极限 pH。驼肉的极限 pH 为 5.4～5.5，达到极限 pH 时大部分糖原已被消耗，糖酵解酶的活性被钝化，不能继续分解糖原。肉的 pH 下降对微生物，特别是细菌的繁殖有抑制作用，这对肉加工质量的提高有十分重要的意义。

影响死后肌肉 pH 下降速度和达到最低程度的因素很多，不仅与牲畜的种类、不同部位、个体差异等内在因素有关，而且也受屠宰前的应激状态、是否注射药物、环境温度等外界因素的影响。例如，在屠宰前静脉注射 $MgSO_4$，肌肉保持松弛的时间长，死后糖原酵解速度缓慢，pH 下降得慢。反之，如果注射钙盐、肾上腺素，糖的酵解加快。如果牲畜宰前进行剧烈的运动，肌肉中糖原的数量就减少，极限 pH 较高。环境温度越高，肉的 pH 变化越快。

二、死后僵直的机制

刚刚宰后的肌肉，各肌肉细胞的生物化学等反应仍在继续进行一段时间，但是由于血液循环和氧气供应的停止，整个细胞内很快变成无氧状态，从而使肌糖酵解作用及再磷酸化发生变化或停止。其明显变化为肌肉失去可刺激性、柔软性及可伸缩性，立刻变硬，僵直而不可伸缩，这种变化对肉的风味、色泽、嫩度、多汁性和保水性都有较大影响。

死后僵直产生的原因为动物死亡后，呼吸停止了，供给肌肉的氧气也就中断了，糖原的有氧氧化受阻，经糖酵解作用产生乳酸。在正常有氧条件下，每个葡萄糖单位可氧化成 39 个分子 ATP，而经过糖酵解只能生成 3 个分子 ATP，ATP 的功能受阻。而体内 ATP 的消耗在 ATP 酶的作用下却在继续进行，导致肉中 ATP 含量迅速下降。ATP 的减少和 pH 的下降，使肌质网功能失常，发生崩解，肌质网失去钙泵的作用，内部保存的 Ca^{2+} 被释放出来，致使 Ca^{2+} 浓度增高，促使粗丝中的肌球蛋白 ATP 酶活化，更加快了 ATP 的减少，使肌动蛋白和肌球蛋白结合形成肌动球蛋白，引起肌肉收缩，呈现肉尸僵硬。这种情况下由于 ATP 不断减少，因此，该反应是不可逆的，从而引起永久性收缩。

三、死后僵直的过程

动物死后僵直过程大体可分为三个阶段，从屠宰后到开始出现僵直现象为止，称为迟滞期；随着肉弹性的消失迅速出现僵硬现象，称为急速期；最后形成延伸性非常小的一定状态到停止，称为僵硬后期，此阶段肌肉出现僵硬，到最后阶段肉的硬度可增加到原来的 10～40 倍，并保持较长时间。

肌肉的死后僵直过程与肌肉中的ATP下降速度有着密切的关系。在迟滞期，肌肉中的ATP含量基本恒定，这是由于肌肉中磷酸肌酸，在磷酸激酶的作用下，由ADP再合成ATP，而磷酸肌酸变成肌酸。在此时期，细丝还能在粗丝中滑动，肌肉比较柔软。随着磷酸肌酸的消耗殆尽，ATP的形成主要依赖糖酵解，使ATP含量迅速下降而进入急速期。当ATP降低至原含量的15%～20%时，肉的延伸性消失而进入僵直后期。

在正常肉的情况下，屠宰之后磷酸肌酸量与pH迅速下降，而ATP在磷酸肌酸降到一定水平之前尚维持相对的恒定，此时肌肉的延伸性几乎没有变化，只有当磷酸肌酸下降到一定程度时，ATP开始下降，并以很快的速度下降，引发肉的延伸性也快速消失，迅速出现僵直现象。因此，正常肉的僵直过程属于酸性僵直，其特点为迟滞期较长，急速期较短。在饥饿状态或注入胰岛素情况下屠宰的动物，其肌肉中糖原的储备少，pH下降得不明显，ATP的生成量更少，这样在短时间内会出现僵直。此类肉的僵直过程属于碱性僵直，其特点为迟滞期较短，僵直发生快、急速期长，僵直程度强，肉质硬。

肉的僵直开始和持续时间因动物的种类、品种、宰前状况、宰后肉的变化及不同部位而异。一般鱼类僵直发生早（死后6～12min），哺乳动物发生的较晚（死后8～10h）；不放血致死较放血致死发生得早。温度高则发生得早，持续时间短，温度低则发生得晚，持续时间长。

四、肌肉收缩

肌肉宰后有三种收缩形式，即热收缩、冷收缩和解冻僵直收缩。

（一）热收缩

肉的收缩是指一般的僵直过程，屠宰后的肉送入排酸库，经过一段的冷处理（肉表面温度不低于10℃），热鲜肉的体温往外扩散，肉的中心温度逐步下降的同时，在糖酵解酶的作用下糖原酵解生成乳酸，使肉的pH逐渐下降，同时随磷酸肌酸的消耗殆尽，肉中ATP开始下降，肌质网体破裂，肉中Ca^{2+}浓度增高促进肌球蛋白和肌动蛋白的结合而肌肉收缩，完成僵直过程，肉在排酸过程中的正常收缩发生在中温环境。热收缩的肌肉缩短程度和温度有很大关系，这种收缩是在僵直后期，当ATP含量显著减少以后发生，在接近0℃时收缩的长度为开始长度的5%，到40℃时收缩为开始的50%。

（二）冷收缩

在宰后肉的变化过程中，当牛、羊、驼肉等的pH下降到6.0以下之前，也就是肉的僵直状态完成之前，温度降低到10℃以下时，产生不可逆收缩，称为冷收缩。冷收缩肉的特点为收缩更强烈、可逆性更小，烹调中变硬。这种肉甚至成熟后，在烹调中仍然是坚韧的。动物年龄所造成的韧度差异与冷收缩时造成的相比是可以忽略的。

冷收缩发生的机制目前被认为是，由于低温的强烈刺激（0～10℃）导致肌浆网不能维持其正常的功能，大量 Ca^{2+} 从肌浆网中释放，在低温下钙泵又不能很好地泵回 Ca^{2+}，使得肌浆中 Ca^{2+} 浓度迅速升高，在低温下肌浆网的功能较差，高浓度的 Ca^{2+} 激活肌动球蛋白 ATP 酶，导致肌肉的过度收缩。由冷收缩可知，死后肌肉的收缩速度未必温度越高，收缩越快，在低温条件下也可产生急剧收缩，该现象红肌肉比白肌肉出现得更多一些。

宰后肉的收缩与环境温度密切相关，15～20℃时肉的收缩较慢，且较柔和。温度越高，ATP 消耗越大，加快收缩速度，加大收缩强度。温度低，如 1～2℃时，肌肉收缩快，而且急剧。经最近的研究表明，低温收缩与 ATP 减少产生的僵直收缩是不一样的，冷收缩不是由肌浆网的 Ca^{2+} 作用产生，而是由线粒体释放出来的 Ca^{2+} 产生的。含有大量线粒体的红色肌肉，在死后无氧的低温条件下放置，线粒体机能下降而释放出 Ca^{2+}，Ca^{2+} 再被在低温条件下功能下降的肌质网回收而引起收缩。还有资料表明，肌肉发生冷收缩的温度范围为 0～10℃。由于迅速冷却和肉的最终温度降到 0℃，糖酵解的速度显著下降，但 ATP 的分解速度在开始时下降，而在低于 15℃时下降开始加速，因此肌肉收缩增加。15℃以上的环境温度虽然对肉的僵直有利，但对抑制微生物活性不利，微生物很容易生长繁殖，使肉易腐败变质。因此，我们在宰后肉的变化过程中，必须采取科学、合理的排酸措施，严格控制排酸过程的温度调控，要在防止肌肉发生冷收缩的前提下尽量降低冷却温度，来防止微生物的生长繁殖，保证肉的质量。

为了防止冷收缩带来的不良效果，可以采取断食、电刺激的方法，使肉中 ATP 迅速消失，pH 迅速下降，使肉的僵直迅速完成，这样可改善肉的质量和外观色泽。剔骨肉肌肉已发生冷收缩，硬度较大，带骨肉可在一定程度上抑制冷收缩。

（三）解冻僵直收缩

肌肉在僵直未完成前进行冻结，肉中仍含有较多的 ATP，在解冻时由于 ATP 发生强烈而迅速分解后产生僵直和强烈的收缩现象，称为解冻僵直收缩。解冻僵直发生的速度比鲜肉在同样环境时快得多，收缩急剧有力，并有大量的肉汁流出，称为肉的汁液流失。解冻僵直收缩可缩短 50%左右，而且沿纤维方向收缩不够均匀，可破坏肌肉纤维的微观结构。在肉僵直发生的任何一点进行冻结，解冻时都会发生解冻僵直，但随肌肉中 ATP 浓度的下降，肌肉收缩力也下降。如刚屠宰后的肉立刻冷冻，然后解冻时，这种现象最明显。因此，肉中 ATP 减少到最小值时完成僵直后再进行冷冻，可以避免这种解冻僵直收缩现象的发生。

五、僵直和保水性的关系

在肉的僵直阶段，除了肉的硬度增加外，肉的保水性减少，并在最大僵直期时最低。肉中的水分最初渗出到肉的表面，呈现湿润状态，并有水滴流下。肉的保水性主要受 pH、肌原纤维蛋白结合状态的影响。屠宰后的肌肉，随着糖酵解作用的进行，

pH 下降至极限值 5.4～5.5，此 pH 正是肌原纤维多数蛋白质的等电点附近，所以肉的保水性会降低。另外，肉中 ATP 的消失和肌质网体的 Ca^{2+} 释放，促使肌球蛋白和肌动蛋白的结合而形成肌动球蛋白，导致肌球蛋白粗丝和肌动蛋白细丝之间的间隙减少了，故而肉的保水性大大降低。此外，肌浆中的蛋白质在 pH 降低、ATP 减少、Ca^{2+} 浓度升高等介质发生变化下，产生某种程度的变性，不仅自身失去了保水性，而且由于沉淀到肌原纤维蛋白上，也进一步影响到肌原纤维的保水性。刚宰后的肉保水性好，然后随着 pH 的下降其保水性降低，达到极限 pH，进入最大僵直期时，保水性也下降到最低。

第三节　肉的成熟

肌肉在宰后僵直达到最大程度并维持一段时间后，即开始缓慢解除，肉的质地变软，保水性有所恢复，变得柔软多汁，具有良好的风味，适合于加工食用，这一变化过程称为肉的成熟。肉的成熟包括僵直解除和组织蛋白酶作用下进一步成熟的过程。肉的成熟是僵直的持续过程，两者之间没有明显的界限。实际上，肉的成熟过程中所发生的各种变化，在僵直期内已经开始了。

一、肉成熟的条件及机制

（一）死后僵直的解除

肉在僵直时由于肌肉中产生乳酸、ATP 减少引起肌纤维收缩而变僵硬，而成熟时肌肉又恢复伸长而逐渐变柔软，解除僵直状态。解除僵直所需时间因动物的种类、肌肉的部位以及其他外界条件不同而异。在 2～4℃条件贮存的肉类，对鸡肉需 3～4h 达到僵直的顶点，而解除僵直需要 2d。其他牲畜完成僵直需要 1～2d，而解除僵直猪肉、马肉需 3～5d，牛肉、驼肉需 7～10d。

未经解除僵直的肉类，具有肉质欠佳、咀嚼时较硬、风味差、保水性低、加工肉馅时黏着性差等特性。僵直肌肉经过充分解除僵直后，其质地变软，加工产品的风味和保水性提高，适于加工各种肉类制品。因此，从某种意义上说，僵直的肉类只有经过解僵后才能转化为可食的食肉，才能作为食品的原料。

关于肌肉解除僵直的实质，至今尚未十分清楚，但经过大量研究，研究者提出了不少有价值的论述，概括起来有以下几个方面。

1. 肌原纤维小片化　刚屠宰后的肌原纤维和活体肌肉一样，是由数十到数百个肌节沿长轴方向构成的纤维状，而在肉成熟时则断裂为 1～4 个肌节相连的小片状，这种现象称为肌原纤维的小片化，被认为是肌肉成熟嫩化的直接原因。产生肌原纤维小片化的原因有两个。第一，死后僵直肌原纤维产生收缩的张力，肌肉长时间处于收缩状态，导致肌纤维相邻肌节的 Z 线蛋白质变得脆弱，在吊挂排酸、电刺激技术等外界张力冲击下发生断裂，张力的作用越大，小片化的程度越大。第二，断裂成小片主要是由 Ca^{2+} 作用引起的。死后肌质网功能破坏，Ca^{2+} 从网内释放，使肌浆中的 Ca^{2+} 浓度增高，刚屠宰后肌浆中 Ca^{2+} 浓度为 1×10^{-7} mol/L，成熟时为 1×10^{-5} mol/L，是原来的100倍。高浓度的 Ca^{2+} 长时间作用于Z线，使Z线蛋白质变性而变得脆弱，给予物理的冲击和牵引即发生断裂。肌原纤维小片化与 Ca^{2+} 浓度有密切关系，Ca^{2+} 浓度低于 1×10^{-5} mol/L 时，对小片化无显著影响，Ca^{2+} 浓度达到一定数量（1×10^{-5} mol/L 以上）时，肌原纤维小片化程度忽然增加，然后达到最大值。

2. 肌动蛋白和肌球蛋白纤维之间的结合变弱 虽然肌球蛋白和肌动蛋白结合强度变化尚不清楚，但是随着肌肉成熟时间的延长，肌纤维的分解量逐渐增加，到完全成熟时可能约50%的肌原纤维被分离。肌原纤维分离的原因，与肌纤维小片化的原因是一致的，也是蛋白酶、Ca^{2+} 的长时间作用使肌动球蛋白结合力减弱而分离，肌纤维从收缩状态变为疏松状态，肉的嫩度得到改善。

3. 肌肉中结构弹性网状蛋白的变化 在肌原纤维中除了粗丝、细丝及Z线蛋白质以外，还存在不溶性的、富有弹性的蛋白质，称为结构弹性网状蛋白质。该类蛋白质贯穿于肌原纤维的整个长度，连续地构成网状结构。结构弹性网状蛋白质的提取方法是将贮藏的肌肉组织中制取肌原纤维后，以0.1mol/L的NaOH溶液进行溶解处理，除去溶解性成分后的残留成分为结构弹性网状蛋白质。这类蛋白质在肌原纤维中的含量，鸡肉中约占5.5%，兔肉中约占7.2%，牛肉和骆驼肉中均约占8.5%。结构弹性网状蛋白质随着保藏时间的延长和肉弹性的消失而减少，在弹性达到最低值时，其含量也达到最低值。肉类在成熟软化时结构弹性网状蛋白质的消失，导致肌肉弹性也消失。

4. 组织蛋白酶学说 肌浆中存在的许多组织蛋白酶类在肉的成熟过程中对肌原纤维蛋白起降解作用，使肌原纤维结构发生破坏，Z线裂解，出现小片化，从而使肉的嫩度得到改善。肌肉中天然存在多种组织蛋白酶（主要有4种，即组织蛋白酶B、组织蛋白酶D、组织蛋白酶L和组织蛋白酶H）、胃促激酶、氢化酶-H、钙激活酶等，而且它们在pH较低的情况下具有较大活性。研究发现，在肉成熟时，分解蛋白质起主要作用的为钙激活酶、组织蛋白酶B和组织蛋白酶L三种酶。经试验表明，成熟肉的肌原纤维，用十二烷硫酸盐溶液溶解后，进行电泳分析发现，肌原蛋白T减少，出现了分子质量30 000u的成分。这说明肌原纤维在成熟过程中受蛋白酶的作用发生分解，使肉的嫩度得到提高。因此，人们利用这一特征，在肉中添加嫩肉粉等蛋白酶已成为普遍接受的肉品嫩化的有效方法。

存在于肌肉中的水解蛋白酶种类很多，其中对肉的成熟发挥主要作用的是中性水解蛋白酶和酸性水解蛋白酶。在肉的成熟过程中由于受中性蛋白水解酶的作用，肌浆、肌原纤维、肌红蛋白等蛋白质分子链上的N端基被逐个分离下来，形成各种低分子肽类化合物。这些肽类化合物因蛋白质中构成N端基氨基酸的种类不同，生成的低分子肽类化合物种类亦不同。因此，肉成熟过程中生成的肽类化合物极为复杂。宰后肉的成熟过程目前还不十分清楚，但经过成熟之后肉中游离氨基酸和短肽链缩合物增加，游离的低分子多肽的形成，使肉变得柔软多汁、风味提升。

（二）钙激活酶与肉的成熟嫩化

1. 钙激活酶的基本特征 在肌原纤维的肌节Z线处存在着一种对Ca^{2+}非常敏感且有依赖性的蛋白水解酶，称为钙激活酶或Ca^{2+}活化酶（CAP）。钙激活酶系统由几种同型异构的蛋白水解酶组成，包括钙激活酶和钙激活酶抑制剂。它们在肌肉生长、蛋白转化及嫩化过程中起非常复杂的作用。钙激活酶虽然不能分解肌球蛋白和肌动蛋白，但能够分解肌联蛋白、肌间线蛋白（Z线蛋白）等维持肌细胞结构完整性至关重要的蛋白质。钙激活酶能促使宰后肌原纤维的变化，而钙激活酶抑制剂能调节控制这一活动。

钙激活酶是一种中性蛋白酶，存在于肌纤维Z线附近及肌质网膜上，随着宰后肉中ATP的消耗，肌质网小泡体内积蓄的Ca^{2+}被释放出来，Ca^{2+}达到一定浓度时钙激活酶被激活，分解肌原纤维蛋白，表现为Z线的裂解和肌原纤维小片化，促进肌肉的嫩化。

2. 钙激活酶促进肌肉成熟嫩化的作用机理 大量研究表明，钙激活酶是肌肉宰后成熟过程中嫩化的主要作用酶。只有钙激活酶才能启动肌原纤维蛋白的降解，破坏Z线，从而引起其他蛋白酶对肌原纤维的降解作用。经研究得知，可以通过外源增加细胞内Ca^{2+}浓度的方式激活钙激活酶，达到肉的嫩化目的。根据体外研究结果，钙激活酶系统的裂解蛋白质有其专一位点，产生大的多肽片段，而不是分解成小肽或氨基酸。钙激活酶的降解作用较彻底，导致肌肉的肌原纤维Z线崩裂，使肌节部位断裂，肌肉嫩度提高。钙激活酶还参与肌间纤维的分解、神经丝蛋白的水解、表皮生长因子受体的降解、成肌细胞融合、磷酸化酶激酶和蛋白激酶的活化、类固醇激素结合蛋白的转化等。

肌肉在成熟嫩化过程中的主要变化：肌原纤维Z线的减弱甚至降解，直接导致肌原纤维小片化；肌间线蛋白的降解，破坏了肌原纤维亚结构中的横向交叉连接，肌原纤维周期性地丧失，从肌原纤维表面游离；肌肉中巨大蛋白的降解，使肌肉的伸张力减弱，肌原纤维软化；丝状蛋白及雾状蛋白的降解，促进了粗纤维丝的释放游离；肌钙蛋白T的消失及多肽的出现，是冷藏期间最明显的变化。

肌肉成熟与嫩化过程中最主要的变化就是Z线的崩解，它使肌原纤维易于破碎，形成肌原纤维小片化，通常用肌原纤维小片化指数（MFI）来表示。Z线的崩解主要是肌肉中蛋白水解酶作用的结果，尤其是钙激活酶，它对肌肉的嫩化作用主要是对肌肉细胞中蛋白质的分解作用。总之，钙激活酶在肉成熟过程中的作用机理可概括为：钙激活酶水解了肌原纤维中起连接支架作用的蛋白质，使肌肉结构弱化，从而使肉嫩度提高。

肉类质地得到改善的主要原因是肌肉肌原纤维小片化，肌肉纤维丧失完整性，其中起作用的蛋白酶主要是钙激活酶。钙激活酶在肉嫩化中的主要作用表现为：

（1）肌原纤维I带和Z线结合变弱或断裂 这主要是因为钙激活酶对肌联蛋白和伴肌动蛋白的降解，弱化了细丝和Z线的相互作用，促进了肌原纤维小片化指数（MFI）

的增加，从而有助于提高肉的嫩度。

（2）连接蛋白的降解　连接蛋白在肌原纤维间起着固定、保持整个肌细胞内的肌原纤维排列的有序性等作用。但在肉成熟过程中被钙激活酶降解后，肌原纤维有序排列的结构受到破坏。

（3）肌钙蛋白的降解　肌钙蛋白对 Ca^{2+} 有很高的敏感性，每一个蛋白分子具有 4 个 Ca^{2+} 结合位点。肌钙蛋白沿着细丝以 38.5nm 的周期结合在原肌球蛋白分子上。肌钙蛋白由三个亚基构成，即钙结合亚基（TnC）、钙抑制亚基（TnI）和原肌球蛋白结合亚基（TnT），其中 TnI 能高度抑制肌球蛋白中 ATP 酶的活性，从而阻止肌动蛋白与肌球蛋白结合，而 TnT 能结合原肌球蛋白，起连接作用。TnT 的降解，弱化了细丝结构，有利于肉嫩度的提高。

二、成熟肉的物理变化

（一）pH 的变化

肉在成熟过程中 pH 发生显著的变化。刚屠宰后肉的 pH 为 6～7，经 1h 左右开始下降，最初下降比较缓慢，降至 6.2～6.3 后，pH 迅速下降，pH 为 6.0 时肌肉张力增大，开始进入僵直状态，完全尸僵时 pH 达到 5.4～5.6，而后随保藏时间的延长开始缓慢地上升。

（二）保水性的变化

活体中肌肉的保水性很高，宰后随着肌肉中 pH 的下降和发生僵直，肉的保水性开始下降，达到极限 pH 时其保水性最差。之后，随着肉的解僵，pH 逐渐增高，偏离了等电点，蛋白质静电荷增加，使结构变疏松，吸水能力增强，因而肉的持水性增高。此外，随着成熟的进行，蛋白质分解成较小的单位，从而引起肌肉纤维渗透压增高。保水性只能部分恢复，不可能恢复到原来状态，因肌纤维蛋白结构在成熟时发生了变化。

（三）嫩度的变化

在肉成熟过程中，肉的柔软性产生显著的变化。刚屠宰之后肉的柔软性最好，随着pH 的下降，肉开始僵直并收缩，其嫩度下降，并在极限 pH 时达到最低程度。之后，随着肌肉解僵和肌原纤维小片化的形成，肉的嫩度开始缓慢回升。肉的嫩度由肌纤维的剪切力来表示，肉的剪切力受其成熟过程的影响，前期增加，而后则逐渐减小。

（四）风味的变化

肉在成熟过程中由于肌原纤维蛋白质受组织蛋白酶的水解作用，产生肽类和氨基酸等低级产物，在浸出物质中游离的氨基酸含量有所增加。经研究得知，新鲜肉中酪氨酸和苯丙氨酸等含量很少，而成熟后的浸出物中有酪氨酸、苯丙氨酸、苏氨酸、色氨酸等含量增加，其中含量增加最多的是谷氨酸、精氨酸、亮氨酸、缬氨酸、甘氨酸，这些氨基酸的增加对增强肉的滋味和香气发挥重要的作用。因此，成熟后肉类的风味提高，与这些氨基酸成分有一定的关系。此外，肉在成熟过程中，ATP 分解会产生次黄嘌呤核苷酸，它是最主要的风味物质之一。

三、成熟肉的化学变化

（一）蛋白水解

在肉的成熟过程中，水溶性的非蛋白质态含氮化合物会增加。如果将处于极限 pH 5.5～5.7 的骆驼的背最长肌，在 4℃条件下贮藏 30d，其非蛋白态氮（三氯乙酸可溶性氮）就会明显增加，贮藏温度越低，其增长速度越慢。

（二）次黄嘌呤核苷酸（IMP）的形成

屠宰后肌肉中的 ATP 在肌浆中 ATP 酶作用下迅速转变为 ADP，而 ADP 又进一步水解为 AMP，再由脱氢酶的作用形成 IMP。僵直发生前的肌肉中 ADP 很少，而 ATP 的含量较多，但僵直发生以后 IMP 的含量较多，其中肌苷、次黄嘌呤、次黄苷、ADP、ATP、IDP（次黄苷二磷酸）、mTP（次黄苷三磷酸）等较少。肌肉中的 ATP 转化成 IMP 的反应，在肌肉达到极限 pH 以前一直进行着，当达到极限 pH 以后，肌苷酸开始裂解，IMP 脱去一个磷酸变成次黄苷，而次黄苷再分解生成游离状态的核苷和次黄嘌呤。IMP 是肉的主要风味物质之一，其含量在宰后肉中逐步上升，在屠宰后的 2～5d 达到高峰，这时肉味达到鲜美，且保鲜时间长。次黄嘌呤还可以帮助铁的吸收，有利于智力的发育。

（三）肌浆蛋白溶解性的变化

屠宰后肌肉中肌浆蛋白随着肉的 pH 下降，其溶解性开始下降，当肌肉发生僵直时，肌浆蛋白的溶解性降到最低程度，约降到初热鲜肉的 20%，以后缓慢回升。对盐的溶解性也是新鲜肉最高，经 1～2d 后其溶解性开始降低，约达到鲜肉的 65%，以后又缓慢回升。

（四）构成肌浆蛋白氨基的变化

随着肉的成熟，蛋白质结构发生变化，使肌浆蛋白氨基（N 端基）的数量增多，而相应的氨基酸如谷氨酸、甘氨酸、亮氨酸等都增加。显然伴随着肉的成熟，构成肌浆蛋白质的肽链被打开，形成游离的 N 端基。肌肉中 N 端基的增多，能使成熟肉的柔软性得到提高，水化程度增加，热加工时保水能力增强。

（五）金属离子的变化

在肉的成熟过程中，水溶性金属离子 Na^{+} 和 Ca^{2+} 增加，而 K^{+} 减少。在活体肌肉

中，Na^+ 和 K^+ 大部分以游离形式存在于细胞内，一部分与蛋白质等结合。Mg^{2+} 几乎全部处于游离状态，与ATP结合为Mg-ATP，成为肌球蛋白的基质。Ca^{2+} 基本不以游离的形式存在，与肌质网、线粒体、肌动蛋白等结合，增加的 Ca^{2+} 可能是受某种变化游离出来的。

四、成熟肉的特点

主要有：①成熟肉的表面形成一层皮膜，可防止外界微生物的侵入和内部水分的向外蒸发；②成熟肉一般呈酸性反应，此弱酸性的环境可抑制一些微生物的繁殖；③成熟肉的质地柔软、多汁，有弹性；④成熟肉具有特殊的香味，这是由于肉的成熟过程中游离氨基酸和次黄嘌呤含量增多。

五、促进肉成熟的方法

促进肉的成熟通常从两个方面来控制，即加快成熟速度和抑制尸僵硬度的形成。

（一）物理因素

1. 温度 环境温度高，肉成熟得快。如牛肉在13℃下成熟24h完成的嫩度，与该牛肉在17℃成熟14d时获得的嫩度效果相同。但这样高温度环境中成熟的肉，其颜色、风味都不好。在高温和低pH环境下，不易形成僵直肌动球蛋白。中温成熟时，尸僵硬度是在中温域引起，此时肌肉缩短度小，因而成熟的时间短。为了防止尸僵时收缩，可使带骨肉在中温域进入尸僵。

2. 电刺激 电刺激主要用于牛肉、羊肉、驼肉中，这个方法可以防止冷收缩。所谓电刺激是家畜屠宰放血后，在一定的电压电流下，对胴体进行通电，从而达到改善肉质的目的。目前在工业上和学术研究中应用电刺激的电压的范围为32～1 600V。习惯上按照刺激电压的大小将电刺激分为高压电刺激、中压电刺激和低压电刺激，但目前尚无严格的划分标准。一般欧洲国家多采用低压电刺激，即在屠宰放血后立即实施电刺激；澳大利亚、新西兰和美国多采用高压电刺激，多在剥皮后进行。由于两种类型的电刺激实施的时间不同，因此难以对电刺激的效果进行简单的比较，目前趋向于使用低压电刺激，因为高压电刺激和低压电刺激能达到同样的效果，而低压电更安全一些。

屠宰后的机体用电流刺激可以加快肌肉中生化反应过程、ATP的消失和pH的下降速度，促进尸僵的进行，防止产生冷收缩，同时对促进肉色改善、肉质软化有明显作用。但目前电刺激可促进肌肉嫩化的机理不够明了，可概括为三条理论来解释：一是电刺激可加快肌肉中ATP的降解，促进糖原分解速度，使胴体pH很快下降到6以下，加快尸僵过程，防止产生冷收缩，提高肉的嫩度；二是电刺激可激发肌肉强烈的收缩，使肌原纤维断裂，肌原纤维间的结构松弛，可以容纳更多的水分，使肌肉的嫩度增加；三是电刺激使肉的 pH 下降，还会促进酸性蛋白酶的活性，蛋白酶分解蛋白质，大分子分解为小分子，使嫩度增加。

3. 力学因素 带骨肌肉尸僵收缩时，骨骼以相反的方向牵引，可使僵硬复合体形成减少。通常肌肉成熟时，将跟腱用钩挂起，此时主要是腰大肌受牵引。如果将臂部用钩挂起，不但腰大肌收缩被抑制，而且半腱肌、半膜肌、背最长肌均受到拉伸作用，可以得到较好的嫩度。

（二）化学因素

屠宰前注射肾上腺激素或胰岛素等时，使动物在活体时加快糖的代谢过程，肌肉中糖原大部分被消耗或从血液中排出。宰后肌肉中糖原和乳酸含量极少，肉的 pH 较高，pH 为 6.4～6.9 时，肌肉始终保持柔软状态。在最大尸僵期时，往肉中注入 Ca^{2+} 可以促进软化，刚刚屠宰后注入各种化学物质（如磷酸盐、氯化镁等）可减少尸僵的形成量。

（三）生物学因素

基于肉内蛋白酶活性可以促进肉质软化考虑，有时从外部添加某些蛋白酶来强制软化肌肉。在实践中，可用微生物酶和植物酶进行嫩化，使肌肉固有硬度和尸僵硬度减少。常用的蛋白酶有木瓜蛋白酶。具体方法可采用临屠宰前静脉注射或刚宰后肌内注射一定量的木瓜蛋白酶，宰前注射能够避免脏器损伤和休克死亡。木瓜蛋白酶的最适宜温度为 50～60℃，低温时也有作用。

第四节　影响骆驼宰后变化的因素

肉食用品质的形成和加工特性的变化受宰前宰后许多因素的影响，因此合理控制和利用宰前宰后各因素，对提高肉的品质具有重要意义。

一、宰前因素

1. 应激

（1）应激的调节和机理　应激是指动物在不良环境中的生理调节，如心率、呼吸频率、体温和血压的改变。应激中的代谢调节是通过释放某些激素（如肾上腺素、去甲肾上腺素、甲状腺素）来完成的。这些激素可调控许多化学反应，有的在所有应激反应中都起作用。肾上腺素可以分解肝糖原、肌糖原及体内局部的脂肪以提供能量，肾上腺素与去甲肾上腺素还可通过影响心脏和血管来帮助维持正常的血液循环。肾上腺皮质激素对控制组织的应激能力有影响，甲状腺素能够提高代谢速率，也因此能给动物体提供更多可利用的能量。

当激素释放后，肌肉开始为意外情况下收缩的需要做准备。因为氧气的不足，形成乳酸的无氧代谢途径由肾上腺素激发，结果动物体内的代谢类型发生改变，与通常所说的快肌的代谢途径相同。

糖原酵解的终产物是乳酸，又由于乳酸在骨骼肌中不能分解，只能被转移到肝脏中合成葡萄糖或糖原，或到心脏中被直接利用供能。体内尤其是白肌纤维占主导地位的肌肉中乳酸的量会慢慢累积。如果有太多的乳酸进入血液，肝脏和心脏不能及时将其中和，就会出现深度的酸中毒，严重的则会导致死亡。

（2）应激与异常肉　不同动物具有不同程度的应激敏感性称应激或应激抵抗力。敏感的动物在应激环境下会发生中毒、休克和循环系统衰竭，即使是中等程度、不伴随温度升高的应激也可能导致动物死亡。通常应激敏感的动物体温高于正常动物，糖酵解速度快，宰后尸僵发生早。除此以外，宰前也会出现一定程度的肌肉温度升高、乳酸积累和 ATP 的消耗。在正常冷却 18～24h 后，肌肉通常会变得苍白、柔软、有汁液渗出，即 PSE 肉。PSE 肉的熟肉程度低，蒸煮损失高，多汁性差，它通常发生在猪的腰肉和腿肉中，有时也会发生在颜色较深的肩肉中。

有的动物有一定的应激耐受性，度过了应激反应，但耗尽了糖原。应激耐受性的动物能够保持肌肉正常的温度和激素水平，但要消耗大量的肌糖原，因此，在糖原得到补充之前屠宰这些动物，往往会出现肌糖原缺乏，导致宰后酵解速度和程度的降低，肉中 pH 下降有限，停留在较高水平。肌肉组织中的 pH 影响了宰后正常肌肉的颜色变化，使肌肉呈现肉色较深、切面干燥、质地粗硬，即所谓的 DFD 肉。DFD 肉常发生于牛肉、猪肉、羊肉和驼肉中，其感官较差、货架期短。

（3）宰前处理　从肌肉向食肉转化的过程中，动物不可避免地经历包括分群、装车、运输、称重、驱赶、淋浴和击晕等多种环境因素的综合刺激，处于紧张状态，这些环境对动物的影响程度与气候、所用的设备、人员及其他因素有关。不良的影响会导致胴体损失、切面黑变和 PSE 肉。

2. 遗传因素　对发生了宰后变化的肌肉物理特性进行的遗传估计表明，食肉品质的遗传力至少是中等的。因此，可以通过选择那些个体肌肉颜色正常、肌内脂肪丰富、嫩度好的个体来用作种畜，以提高肌肉的食用品质。肌肉的某些物理特性还与动物的品种或品系有关，宰后肌肉的代谢速率和肌内脂肪的含量也因品种或品系不同而不同。

3. 击晕方式　尽管击晕环节使动物不可避免地紧张，但与不经击晕而直接宰杀的动物相比较，它可以减少应激反应，其综合影响与良好的设备和操作有关。大多数的击晕方式都要求使动物在平静的环境中死亡，这样心脏不会停止跳动，可以帮助充分放血。“深度击晕”使心脏停止跳动，也使反射性的挣扎降到最低限度，会导致肌肉组织充血。

肌肉的特性和组成受击晕方式和程度的影响，通常由肌糖原的消耗程度来反映。良好的击晕操作可获得较低的极限 pH 和较好的肉品质。

动物击晕后要尽可能快地放血以防止动物恢复知觉、降低血压。有的击晕方式尤其是电击晕会使血压升高以致肌肉组织充血。放血必须在击晕后几秒钟内完成，否则肉就会出现淤血斑点。上述问题可以通过采用合适的电压和击晕部位来避免。

二、宰后因素

1. 冷却温度 宰后冷却是为了在尽可能短的时间内将胴体温度降下来，防止微生物的生长。但冷却温度对宰后肌肉生化反应速度有很大影响。肌肉中受酶催化的反应对温度格外敏感，如果肌肉温度降得过快也会带来不良影响。“冷收缩”“解冻僵直”和“热收缩”都与冷却温度有关。

冷收缩是指肌肉发生尸僵前其中心温度已降至15℃以下而产生的不可逆收缩，而解冻僵直是指尸僵前冻结的肉在解冻时发生的僵直收缩。收缩是由 Ca^{2+} 突然释放到肌浆中引起的，会导致游离肌肉的长度物理性缩短至原长度的80%。通常解冻僵直会使肌肉缩短60%，收缩会伴随肉汁的渗出和质地变硬。虽然附着在骨骼上的肌肉的收缩程度要小得多，但其嫩度和其他质量指标仍有所下降。冷收缩比解冻僵直的收缩程度要小得多，其作用机理与 Ca^{2+} 的释放或肌浆网中钙泵的崩溃有关。冷收缩的肉中通常会发生I线的彻底消失。因此，尸僵前的冷却方式是很重要的，因为许多商业性的冷却方式会使体热从表层肌肉中散失得太快以致引起冷收缩。冷收缩主要发生在游离的肌肉中，在附着于骨骼上的肌肉中也会局部发生。这种情况在脂肪含量少的动物中尤为严重，因为脂肪是热的绝缘体。

2. 快速预加工 快速预加工是指宰后发生尸僵前对胴体进行热剔骨、分割或斩拌等工序。宰后肉的食用品质和加工特性的变化与其pH的变化有关。尽管宰后肉的pH下降速度会因尸僵前对肉进行的剁碎或斩拌而加速，但对某些白肌纤维含量多的肌肉来说，如果糖原消耗前被斩拌，则pH的下降程度会变小，因为当肉组织遭到上述处理的破坏后，糖原的酵解作用会由于空气中的 O_2 进入组织中支持有氧代谢而减弱。实验证明，猪和禽的肌肉组织在宰后1h内斩拌，糖原耗尽后的pH比正常高0.2～0.3。肉的pH高，其系水力也高，在进行熟食加工时产品的出成率和多汁性也较高。

屠宰与斩拌之间的间隔延长会影响其最终产品的物理性质。通常来说，尸僵前经过斩拌、加上调料（如盐）腌制的肉，系水力和多汁性都比较好。尸僵前进行斩拌、加盐处理，可使肌球蛋白等盐溶性蛋白更好地溶出，此外还可有效地抑制糖原酵解和pH下降。尸僵前肉馅进行斩拌处理可改善肉制品的风味。在不加盐的产品中，高pH肉中的脂肪氧化缓慢，长时间保持一种新鲜风味。热剔骨肉在15～16℃下冷却尸僵，可减少冷收缩。采用快速预加工可使动物屠宰和肉制品消费之间的时间缩到最短，对冷藏的需要也比正常低，并且保证供应给消费者的产品保持新鲜。

3. 电刺激 目前，在家畜的屠宰加工业过程中采用电刺激技术来改善肉的品质是一项新的技术革新。电刺激最早用于预防肉发生冷收缩现象，但后来人们发现，电刺激可以加快死后肉的嫩化过程，减少肉的成熟时间，已成为一种肉类的快速成熟技术。同时，电刺激还具有改善肉的颜色和外观，避免热环的产生等作用。

第五节　驼肉腐败变质

驼肉的腐败变质是指驼肉在组织酶和微生物作用下发生质量的变化，最终失去食用价值。主要变化是蛋白质和脂肪的分解。

一、原因和条件

驼肉腐败是成熟过程的加深。骆驼屠宰后血液循环的停止，吞噬细胞的作用停止，使得细菌有可能繁殖和传播。但在正常条件下屠宰时，驼肉中的糖原酵解后形成的乳酸使肌肉的 pH 从最初的 7.0 左右下降到 5.4～5.6，对腐败细菌的繁殖生长起到抑制作用。

健康骆驼的血液和肌肉通常无菌，驼肉腐败实际上主要是由在屠宰、加工、流通等过程中受外界微生物的污染所致。微生物的作用不仅会改变驼肉的感官性质、颜色、弹性、气味等，使驼肉品质发生严重恶化，而且还破坏驼肉的营养价值或由于微生物生命活动代谢产物形成一些有毒物质，可能引起人们食物中毒。刚屠宰的驼肉中微生物很少，但屠宰后肉表面微生物的污染随着血液、淋巴等浸入机体内，随着时间的延长，微生物增长繁殖。在屠宰后 1～2h 内，肌肉组织中含有氧气，这时厌氧菌不能生长，但屠宰后肌肉组织的呼吸活动很强，快速消耗组织中的氧气而放出 CO_2。随着氧气的消耗，厌氧菌开始活动。厌氧菌繁殖的最适温度在 20℃以上，屠宰后 2～6h 内一般肉温在 20℃以上，易引起厌氧菌的生长，因此，宰后肉应采取冷却手段快速降温至 20℃以下。

驼肉腐败通常由外界环境中微生物污染肉表面开始，然后又沿着结缔组织向深层扩散，特别是邻近关节、骨骼和血管的地方，最容易腐败。由微生物分泌的胶原酶能使结缔组织的胶原蛋白水解形成黏性物质，同时可分解蛋白质产生氨基酸、水、二氧化碳、氨气。微生物的糖原发酵可形成醋酸和乳酸。

刚屠宰不久的新鲜驼肉通常呈酸性反应，能够在一定程度上防止腐败细菌的繁殖，腐败细菌分泌物中的胰蛋白分解酶在酸性介质中不能起作用，因此，腐败细菌得不到同化所需要的物质，使其生长和繁殖受到抑制。但在酸性介质中酵母和霉菌可以很好地繁殖，并形成蛋白质的分解产物氨类等，致使肉的 pH 提高，为腐败细菌的繁殖创造了良好的条件。因此，pH 较高（6.8～6.9）的肉类容易发生腐败。

霉菌的生长通常是在空气不流通、潮湿、污染较严重的部位发生，如颈部、腹股沟皱褶处、肋骨肉表面等部位，侵入的深度一般不超过 2mm。霉菌虽然不引起肉的腐败，但能引起肉的色泽、气味发生严重恶化。

微生物对脂肪的作用一方面是所分泌的脂肪酶分解脂肪，产生游离脂肪酸和甘油，另一方面氧化酶通过 β-氧化作用氧化脂肪，产生酸败气味。但肉类及其制品发生严重腐败并不单纯是由微生物所引起，而是空气中的氧、温度以及金属离子的共同作用所致。新鲜肉发生腐败的外观特征主要为色泽、气味的恶化和表面发黏，肉表面发黏是微生物作用产生腐败的主要标志。在流通中，当驼肉表面细菌数量达10^7个/cm^2时，就有黏液出现，并有不良的气味产生。达到这种状态所需的天数与最初污染的细菌数量有关，细菌数越多，驼肉腐败得越快，也受环境的温度和湿度影响，温度越高，湿度越大，越易腐败。

从黏液中发现的细菌多数为革兰氏阴性的嗜氧性假单胞菌属和海水无色杆菌。这些细菌不产生色素，但能分泌细胞外蛋白水解酶，能迅速将蛋白质水解成水溶性的肽类和氨基酸。

影响肉类腐败细菌生长的因素很多，如温度、湿度、渗透压、氧化还原电位、空气等。其中，温度是决定微生物生长繁殖的重要因素，温度越高繁殖越快，其次是水分、渗透压、pH 等。

二、驼肉组织腐败

由微生物所引起的蛋白质腐败是复杂的生物化学反应过程，所进行的变化与微生物的种类、外界温度条件、蛋白质的构成等因素有关。微生物对肉蛋白质的腐败分解，通常是先形成蛋白质的水解初产物多肽，再进一步水解成氨基酸，并在氧化还原酶作用下进行脱氧、脱羧，形成羧酸、醇酸、含氮有机碱、无机物等。多肽与水形成黏液，附在肉的表面。多肽与蛋白质不同，能溶于水，煮制时转入肉汤中使肉汤变得黏稠混浊，利用这一点可鉴定肉的新鲜程度。

蛋白质腐败分解所形成的氨基酸，在微生物酶的作用下，发生复杂的生物化学变化，产生多种物质，如有机酸、有机碱、醇及其他各种有机物质，分解的最终产物为CO_2、H_2O、NH_3、H_2S、P 等。其中，有机碱是由氨基酸脱羧作用而形成，主要由组氨酸、酪氨酸和色氨酸形成相应的组胺、酪胺、色胺等一系列的挥发碱，使肉呈碱性反应。因此，挥发性盐基氮是肉新鲜度的分级标准，一级鲜度值小于 0.15mg/g，二级鲜度值小于或等于 0.25mg/g。

在驼肉的腐败过程中，由于胺的形成使肉呈碱性反应，而有机酸的形成使肉呈酸性反应，但肉在腐败时常常呈酸性，这是因为有机酸的形成速度比较快，特别是切碎的肉馅中有机酸的形成更快。因此，肉的腐败往往呈酸性。腐败分解形成的其他有机化合物中，有环状氨基酸的分解产物，如色氨酸形成吲哚和甲基吲哚，它们可使肉产生非常难闻的臭味，是腐败肉类发出腐烂气味的主要成分。一些氨基酸在细菌酶的作用下经脱羧基作用产生有机胺类，含巯基的氨基酸分解时产生硫化氢和硫醇。这些变化均影响肉的质量及风味。

三、驼肉脂肪氧化和酸败

驼肉在贮藏中，脂肪易发生水解和氧化酸败。脂肪水解和酸败均受光、热、水、

氧、催化剂、酶、微生物的影响，其中微生物及其脂肪分解酶是关键因素。微生物产生脂肪分解酶，将脂肪分解为脂肪酸和甘油。据报道，分解脂肪能力最强的细菌是荧光假单胞菌，其他如黄杆菌属、无色杆菌属、产碱杆菌属、赛氏杆菌属、小球菌属、葡萄球菌属、芽孢杆菌属等。能分解脂肪的霉菌比细菌更多，常见的霉菌有黄曲霉、黑曲霉、灰绿青霉等。

1. 脂肪的氧化酸败 动物脂肪中有很多不饱和脂肪酸，如双峰驼肉及驼峰脂肪中不饱和脂肪酸含量占总脂肪酸的37.15%，其中油酸含量占28.10%、亚油酸含量占3.04%。这些不饱和脂肪酸在光、热、催化剂作用下，被氧化成过氧化物。

氧化所形成的过氧化物很不稳定，它们进一步分解成低级脂肪酸、醛、酮等，如庚醛和十一烷酮等，并且都具有刺鼻的不良异味。动物脂肪中含有大量的不饱和脂肪酸，如次亚油酸（十八碳三烯酸）等，在氧化分解时产生丙二醛，与硫代巴比妥酸（TBA）反应生成红色化合物，称为TBA值，作为测定脂肪氧化程度的指标。

脂肪的酸败是经过一系列的中间阶段，形成过氧化物、低分子脂肪酸、醇、酸、醛、酮、缩醛及一些深度分解产物、CO_2、水等物质。脂肪酸败是复杂的过程，按连锁反应形式进行，首先形成过氧化物，这种物质极不稳定，很快分解，形成醛类物质，称为醛化酸败；生成酮类物质，称为酮化酸败。

2. 脂肪的水解 脂肪水解也就是在水、高温、脂肪酶、酸或碱作用下脂肪发生分解，形成脂肪酸和甘油。脂肪酸的产生使油脂、酸度增加，熔点增高，产生不良气味，使之不能食用。脂肪水解使甘油溶于水，油脂质量减轻。游离脂肪酸的形成使脂肪酸值提高，脂肪酸值可作为水解深度的指标，在贮藏条件下，可作为酸败的指标。脂肪中游离脂肪酸的含量影响脂肪酸败的速度，含量多则加速酸败。脂肪分解的速度与水分、微生物污染程度有关。水分多，微生物污染严重，特别是霉菌和分枝杆菌繁殖时，产生大量的解脂酶，在较高的温度下会使脂肪加速水解。通常水解产生的低分子脂肪酸为甲酸、乙酸、醛酸、辛酸、壬酸、壬二酸等，并有不良的气味。

四、驼肉的感官特征

在贮藏过程中，由于微生物的污染，肉中脂肪和蛋白质发生一系列的变化，同时在外观上必然产生明显的改变，特别是肉的颜色变为暗褐色，失去光泽，表面黏腻，显得污浊，产生腐败的气味，失去弹性。对肉进行感官检查，是肉新鲜度检查的主要方法之一。感官是指人的视觉、嗅觉、味觉、触觉及听觉的综合反应。

视觉：主要感知肉的组织状态，粗嫩、黏滑、干湿、色调、光泽等。

嗅觉：主要感知肉的气味有无、强弱，香味、臭味、腥味、膻味等。

味觉：主要感知肉的滋味是否鲜美、香甜、苦涩、酸臭等。

触觉：主要感知肉的坚实、松弛、弹性、拉力等。

听觉：通过检查冻肉、罐头的声音是清脆还是混浊来感知产品品质。

感官检查的方法简便易行、比较可靠。但只有肉深度腐败时才能被查出，并且很难反映腐败分解产物的数量指标。表 4-1 为冷藏驼肉感官指标。

表 4-1 冷藏驼肉感官指标

特征	新鲜	次新鲜	变质
外形	表面有油干的薄膜	表面披有风干的皮或黏液，并且黏手，有时表面有霉菌	表面有强烈的发干，或者强烈的发湿或发黏并有霉菌
色泽	表面呈粉红色或浅红色，新切面呈微湿，但不黏手，具有驼肉的特有颜色，肉汁透明	表皮呈暗红色，切断面较新鲜的色泽发暗，触之微发黏，把滤纸贴在切面上有水分润湿，肉汁混浊	表面灰色或微绿色，新断面强烈发黏发湿，切断面呈暗红色，微绿或灰色
弹性	切面上肉是致密的，手指压陷的小窝可以迅速地恢复原状	切断面比新鲜肉软且松，手指压陷的小窝不能立即恢复原状	切面上肉质松软，手指压陷的小窝不能恢复原状
气味	具有良好的和驼肉特有的气味	具有微酸和陈腐的气味，有时外表有腐败的气味而深层没有	在深层部有较显著的腐败气味
脂肪状态	脂肪没有酸败或油污的气味。骆驼脂肪呈白色、黄色或微黄色，柔软且有弹性	脂肪带灰色，且无光泽，微黏手，有时有霉菌和轻微的污物	脂肪灰色，略带脏污秽，有霉菌且有发黏的表面，有腐败气味或显著的油污味，剧烈腐败时呈微绿色，结构呈胶黏状
骨髓	骨髓充满全部管状骨腔，坚硬、黄色。折断面骨髓有光泽，并且与硬质层不脱离	骨髓稍许脱离管状骨壁，比新鲜的骨髓软且色泽发暗，折断面骨髓没有光泽，呈灰白色	骨髓不能充满全部骨腔，骨髓呈松软状态，并黏手，色暗且常带灰色
腱关节	腱肉有弹性且致密，关节表面平滑、有光泽，关节内组织液透明	腱肉稍软，白色无光或浅灰色，关节处有黏液，但组织液混浊	腱肉湿润，呈灰色，发黏，关节处含有大量黏液，并呈稀液状
煮时肉汤	肉汤透明、芳香，且有大量油滴聚集于表面，脂肪味道正常	肉汤混浊，无芳香气味，常有陈腐的滋味，汤面油滴小，有油污的滋味	肉汤污秽，有肉末，有酸败的气味，汤面几乎没有脂肪滴，脂肪有腐败的口味

五、驼肉中的微生物

1. 驼肉中的微生物 在正常条件下，刚屠宰的驼肉深层组织通常无菌，但在屠宰和加工后微生物可经由循环系统或淋巴系统穿过驼肉组织，进入驼肉深层部。当肉表面的微生物数量很多，或肌肉组织的整体性受到破坏时，表面的微生物便可直接进入肌肉深层部位。

2. 新鲜驼肉中的微生物 胴体表面初始污染的微生物主要来源于骆驼表皮、被毛及屠宰环境，毛皮表面或被毛上的微生物来源于土壤、水、植物及粪便等。胴体表面初始污染的微生物大多是来自粪便和表皮的革兰氏阳性的嗜温性微生物，主要有小球菌、葡萄球菌和芽孢杆菌等。也有少部分的革兰氏阴性微生物，主要来自土壤、水、

粪便和植物的假单胞杆菌、肠道致病菌等。屠宰时，屠宰工具、工作台和工作人员也会将细菌带给胴体。在卫生状况良好的条件下屠宰时，驼肉表面上的初始细菌数为 10^2～10^4CFU/cm^2。骆驼的清洁状况和屠宰车间卫生状况均影响微生物的污染程度，肉的初始载菌量越少，则保鲜期越长。

3. 冻结肉中的微生物 冻结肉的细菌总数明显减少，微生物种类也发生明显变化。如冻结前胴体的平均细菌总数大约为 10^5CFU/g，冻结后其平均细菌总数减少到10CFU/g。一般革兰氏阴性菌比革兰氏阳性菌、繁殖体比芽孢对冻结致死更敏感。如骆驼肉冻结前革兰氏阳性菌占总菌数的20%，革兰氏阴性菌占80%，经－30℃冻结后，革兰氏阳性菌的比例上升到65%，革兰氏阴性菌下降为35%。在商业冻藏温度下（－18℃以下），细菌不仅不能生长，其总数也减少。但长期冻藏对细菌芽孢基本上没有影响，酵母和霉菌对冻结和冻藏的抗性也很强。因而，在通风不良的冻藏条件下，胴体表面会有霉菌生长，形成黑点或白点。

4. 真空包装鲜肉中的微生物 目前在国内市场约70%以上的冻肉都采用真空包装，不透氧的真空包装袋可使鲜肉的货架期达到4个月以上，而透气氧薄膜包装袋真空包装时仅能使货架期达到15～30d。在不透氧真空包装袋内，由于肌肉和微生物需氧，O_2 很快消耗殆尽，CO_2 趋于增加，氧化还原电位（Eh）降低。真空包装的鲜肉贮藏于0～5℃时，微生物生长受到抑制，一般在3～5d之后微生物缓慢生长，贮藏后期的优势菌是乳酸菌，占细菌总数的50%～90%，主要包括革兰氏阳性乳杆菌和明串珠菌，革兰氏阴性假单胞杆菌的生长则受到抑制，相对数目减少。由于腌肉的盐分高，室温下主要的微生物类群是微球菌。真空包装的腌肉在贮藏后期的优势菌仍然是微球菌，链球菌（如肠球菌）、乳酸杆菌和明串珠菌也占一定的比例。

六、腐败肉的特点

肉类腐败变质时，往往在肉的表面产生明显的感官变化。

1. 发黏 微生物在肉表面大量繁殖后，使肉表面形成黏液状物质，并有较强的臭味。这主要由革兰氏阴性菌、乳酸菌和酵母菌所产生等微生物繁殖后所形成的菌落及其蛋白质分解产物。当肉的表面有发黏、拉丝现象时，其表面含菌数已经达到 10^7 CFU/cm^2。

2. 变色 肉类腐败时其表面常出现各种颜色变化。最常见的是变绿色，这是由于蛋白质分解产生的硫化氢与肉中的血红蛋白结合后形成的硫化氢血红蛋白（H_2S-Hb），这种化合物积蓄在肌肉和脂肪表面即显示暗绿色。另外，黏质赛氏杆菌在肉表面能产生红色斑点，深蓝色假单胞杆菌能产生蓝色斑点，黄杆菌能产生黄色斑点，有些酵母菌能产生白色、粉红色、灰色等斑点。

3. 变味 肉类腐烂时往往伴随一些不正常或难闻的气味，最明显的是肉类蛋白质被微生物分解产生的恶臭味。除此之外，还有在乳酸菌和酵母菌的作用下产生挥发性有机酸的酸味，霉菌生长繁殖产生的霉味等。

第五章 骆驼肉的食用品质及贮藏保鲜技术

CHAPTER 5

第一节　驼肉的食用品质及其检测技术

肉的食用品质主要包括肉的颜色、pH、风味、保水性、嫩度等。它们在肉的加工贮藏过程中，直接影响肉品的质量。

一、肉的颜色

肉的颜色是重要的食用品质之一，其本身对肉的营养价值和风味无多大影响，其重要意义在于它是肉的生理学、生物化学和微生物学变化的外部表现。因此，肉的颜色可以直接影响消费者的购买欲。

1. 形成肉色的物质　肉的颜色由肌红蛋白和血红蛋白产生。肌红蛋白为肉自身的色素蛋白，肉色的深浅与其含量有关。血红蛋白存在于血液中，对肉颜色的影响要视放血的好坏而定。放血良好的肉，肌肉中肌红蛋白色素占80%～90%，比血红蛋白丰富得多。

2. 肌红蛋白的结构与性质　肌红蛋白是复合蛋白质，由一条多肽链构成的珠蛋白和一个带氧的血红素基组成，血红素基由一个铁原子和卟啉环组成。肌红蛋白与血红蛋白的主要差别是前者只结合一分子的血色素，而后者结合四分子的血色素。因此，肌红蛋白的分子质量为16～17ku，而血红蛋白分子质量为64ku。

3. 影响肌肉颜色变化的主要因素

（1）内在因素

①动物种类、年龄及部位　因动物的种类、年龄及部位不同，其肌肉颜色也不同。如牛肉、驼肉颜色呈深红，马肉呈紫红，羊肉呈淡红，猪肉呈鲜红。

②肌红蛋白和血红蛋白的含量　肌肉中肌红蛋白的含量高时肉色深，血红蛋白的含量高时肉色深，因此放血不充分的肉，其色泽较深。

③肌红蛋白的化学形态　肌红蛋白形成氧化态多时肉色深，氧合态多时则肉色浅。

（2）外部因素

①环境中的氧含量　在环境中O_2分压的高低决定肌红蛋白是形成氧合肌红蛋白还是高铁肌红蛋白，从而直接影响肉的颜色。当O_2分压高时，有利于氧合肌红蛋白的形成，而O_2分压低时，则有利于高铁肌红蛋白的形成。

②环境湿度　环境湿度大时，肌红蛋白氧化速度慢，其原因是肉表面有水汽层，影响氧的扩散。如果湿度低并且空气流速快，则加速高铁肌红蛋白的形成，使肉色褐变加快。如牛肉、驼肉在8℃冷藏时，如相对湿度为70%，则2d即褐变；如相对湿度为100%，则4d才褐变。

③环境温度　温度高可促进肉的氧化，温度低则氧化得慢。如牛肉3～5℃贮藏9d褐变，在0℃贮藏18d才褐变。因此，为了防止肉褐变氧化，尽可能在低温下贮存。

④pH　动物在宰前糖原消耗过多，尸僵后肉的极限 pH 高，易出现生理异常肉，如牛肉、驼肉可能会出现 DFD 肉，使肉颜色变暗，而猪肉易引起 PSE 肉，使肉色变得苍白。

⑤微生物　屠宰、排酸和贮藏过程中肉被微生物污染，会使肉表面颜色改变。污染细菌分解蛋白质，使肉质变污浊。污染霉菌则在肉表面形成白色、红色、绿色、黑色等色斑或发出荧光。

二、肉的风味

肉的风味是指生鲜肉的气味和加热后肉制品的香气和滋味。它是肉中固有成分经过复杂的生物化学变化，产生各种有机化合物所致。其特点是成分复杂多样、含量甚微，用一般方法很难测定。除少数成分外，多数无营养价值，不稳定，加热时易破坏和挥发。这些肉的风味是通过人的高度灵敏的嗅觉和味觉器官反映出来的。

1. 气味　形成气味要具备两个条件，一是具有挥发性，二是挥发性物质中具有香气成分。驼肉的气味成分主要有醇、醛、酮、酸、酯、醚、呋喃、吡咯、内酯、糖类及含氮化合物等。

2. 滋味　肉的鲜味成分，来源于核苷酸、氨基酸、酰胺、肽、有机酸、糖类、脂肪等前体物质。关于肉风味前体物质的分布，近年来研究较多。将肉中风味的前体物质用水提取后，剩下不溶于水的肌纤维部分，几乎不存在香味物质。另外，在脂肪中人为地加入一些葡萄糖、肌苷酸、含有无机盐的氨基酸（谷氨酸、甘氨酸、丙氨酸、丝氨酸、异亮氨酸）等物质，在水中加热后可生成和肉一样的风味，从而证明这些物质为肉中风味的前体。

鲜肉经过熟后，其风味增加，这主要是由于核苷类物质及氨基酸含量发生变化，即随着鲜肉的成熟，肉中的半胱氨酸、核糖、胱氨酸等的含量增加。肉的风味也增加，瘦肉中所含挥发性的香味成分，主要存在于肌间脂肪中。因此，肉中脂肪的沉积量对风味具有重要的意义。

三、肉的嫩度

肉的嫩度是反映肉质地的重要指标，是消费者最重视的食用品质之一，它决定肉的食用价值和商品价值。肉的嫩度是指肉易切割的程度，嫩度的口感主要以咬开、咀嚼的难易度和咀嚼后的残渣量描述，嫩度受到多种因素的影响。

1. 嫩度的概念　包括以下四方面的含义：

（1）肉对舌或颊的柔软性　即当舌头与颊接触肉时产生的触觉反应，肉的柔软性变动很大，从软乎乎的感觉到木质化的结实程度。

（2）肉对牙齿压力的抵抗力　即用牙齿咬肉时所需的力，有些肉较硬，难以咬动；而有些肉柔软，用牙齿咬时几乎不费力气。

（3）咬断肌纤维的难易程度　指的是牙齿切断肌纤维的能力，首先要咬破肌外膜和肌束膜，因此这与结缔组织含量和性质密切相关。

（4）嚼碎程度　用咀嚼后肉渣的剩余量及咀嚼后到下咽时所需的时间来衡量。

2. 影响肌肉嫩度的因素

（1）宰前因素

①年龄　幼龄家畜的肉一般比老龄家畜的嫩。其原因在于幼龄家畜肌肉中胶原蛋白的交联程度低，热稳定性差，而老龄家畜因胶原蛋白共价交联键较多，有较高的热稳定性，同时对酸碱等的敏感性也相对较差，因而嫩度存在差异。

②畜种和畜别　遗传因素是决定肌肉化学组成的基础。个体大的家畜的支撑力大，肌肉中结缔组织含量多，因此肉的嫩度小。例如，同一年龄段的骆驼肉的嫩度比牛肉差。公驼生长较快，胴体脂肪少，肌肉多，嫩度较母驼低。

③脂肪含量　脂肪是影响肉嫩度的关键因素之一。肌肉中间脂肪沉积，形成大理石花纹，可降低肌纤维的密度，肌间脂肪可分隔并稀释结缔组织，减少肌纤维间的联结组织，提高肉嫩度。由于骆驼活动量大，采食半径大，肌肉间沉积脂肪困难，因此骆驼肌肉的嫩度比牛羊肉稍差。

④肌肉部位　骆驼肌肉部位不同，所承担的作用就不同，活动量大，支撑的负担重，其肌间结缔组织含量就多，嫩度就差。如腰大肌的活动量最小，肌肉最嫩；胸头肌的支撑力最大，肌肉最老。同一肌肉的不同部位嫩度也不同，背最长肌的外侧比内侧部分要嫩。

⑤营养状况　营养良好的骆驼肌肉脂肪含量高，大理石纹丰富，由于脂肪有冲淡结缔组织的作用，也相当于降低了肌肉中结缔组织的含量，从而提高了肉的嫩度；而消瘦动物的肌间脂肪含量低，肉质老，嫩度较差。

不同性别不同部位驼肉的剪切力测定的结果见表 5-1。

表 5-1　阿拉善双峰驼不同部位驼肉剪切力值（N）

部位	性别	
	公	母
股二头肌	9.85±1.75	8.90±1.56
臂三头肌	9.65±2.50	9.29±1.20
背最长肌	7.93±1.43	8.12±2.38

由表 5-1 可知，驼肉的剪切力值较大，为 7.93～9.85N。说明驼肉的肌纤维较粗，嫩度稍差。不同性别间，驼肉的剪切力值无显著差异（$P>0.05$）。在不同部位间，剪切力值存在显著差异（$P<0.05$），背最长肌的剪切力值显著低于臂三头肌和股二头肌，所以部位不同，驼肉的嫩度也不同。

（2）宰后因素

①尸僵和成熟　宰后尸僵发生时，肉的硬度会大大增加，因此肉的硬度可分为固有硬度和尸僵硬度。固有硬度为刚宰后和成熟时的硬度，而尸僵硬度为尸僵发生时的硬度。肌肉发生异常尸僵时，如冷收缩和解冻僵直，肌肉会发生强烈收缩，从而使硬

度达到最大。一般肌肉收缩时缩短度达到40%时，肉的硬度最大，而超过40%反而变为柔软，这是由于肌动蛋白的细丝过度插入而引起Z线断裂，这种现象称为“超收缩”。僵直解除后，随着成熟的进行，硬度低，嫩度随之提高。在肉的成熟过程中，肌肉中结构性蛋白的含量随时间的延长而明显降低，从而促使肉质变软。

②加热处理 加热对肌肉嫩度有双重效应，它既可使肉变嫩，又可使肉变硬，这取决于加热的温度和时间。加热可引起肌肉蛋白质的变性，从而发生凝固、凝集和短缩现象。当加热温度在65～75℃时，肌肉纤维长度会收缩25%～30%，从而使肉的嫩度降低。肌肉中的结缔组织在60～65℃会发生收缩，而超过这一温度会逐渐转变为明胶，从而使肉的嫩度得到改善。结缔组织中的弹性蛋白对热不敏感，因此，有些肉虽然经过很长时间的煮制但仍很老，这与肌肉中弹性蛋白的含量有关。

③电刺激 近十几年来，对宰后直接用电刺激胴体以改善肉的嫩度进行了广泛的研究，但电刺激提高肉嫩度的机制尚未充分明了，主要是加速肌肉的代谢，从而缩短尸僵的持续期并降低尸僵的程度。此外，电刺激可以避免动物胴体产生冷收缩。

④酶 蛋白酶类可以嫩化驼肉。常用的酶为植物蛋白酶，主要有木瓜蛋白酶、菠萝蛋白酶和无花果蛋白酶，商业上使用的嫩肉粉多为木瓜蛋白酶。酶对蛋白质的裂解作用可决定肉的嫩化程度。因此，使用时应控制酶的浓度和作用时间，如酶水解过度，则原料肉会失去应有的质地并产生不良的味道。

3. 驼肉嫩化试验及其结果 采用pH 7.0的磷酸缓冲液配制不同浓度的木瓜蛋白酶，经30min活化后，分别与盐水注射液一起注射进入驼肉中，在37℃恒温条件下进行嫩化处理1.5h，以未嫩化处理的驼肉作为对照。不同木瓜蛋白酶对其烹饪失水率、剪切力、感官评分的影响进行检测与分析。

(1) 不同酶浓度对烹饪失水率的影响 将木瓜蛋白酶嫩化处理后的驼肉放入95℃水浴锅中加热至驼肉的中心温度达到85℃时取出，冷却至常温，用滤纸吸干表面水分后称重，计算其烹饪失水率，结果见图5-1。

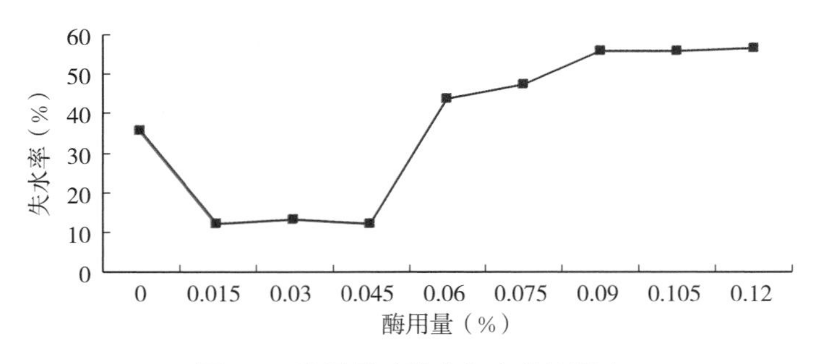

图5-1 酶用量对驼肉失水率的影响

由图5-1可知，不同木瓜蛋白酶用量对驼肉的失水率有显著影响。木瓜蛋白酶用量为肉质量的0.015%～0.045%时，失水率变化不大，用量为0.015%时达到最小失水率，为11.97%；当用量大于0.045%时，驼肉的失水率逐渐增大；当用量达到0.09%

时，驼肉的失水率逐渐趋于平稳变化状态；当用量为 0.12%时达到最大值，为 56.57%，但此时驼肉的外观及形态完整性较差。

（2）不同酶浓度对系水力的影响 经木瓜蛋白酶嫩化处理后再称取同等条件下的驼肉样品捣碎，分别放入离心管中，称重后放入低温离心机中离心（温度 18～20℃、转速 7 800r/min、时间 30min），离心结束后取出离心管，倒掉离心出的水，用滤纸将肉样表面吸干，将样品及离心管一起称重。系水力按下式计算：系水力（%）＝骆驼肉含水量－(离心前重量－离心后重量)/10×100%。用干燥法测出驼肉的含水量。不同酶浓度对驼肉失水率的影响结果见图 5-2。

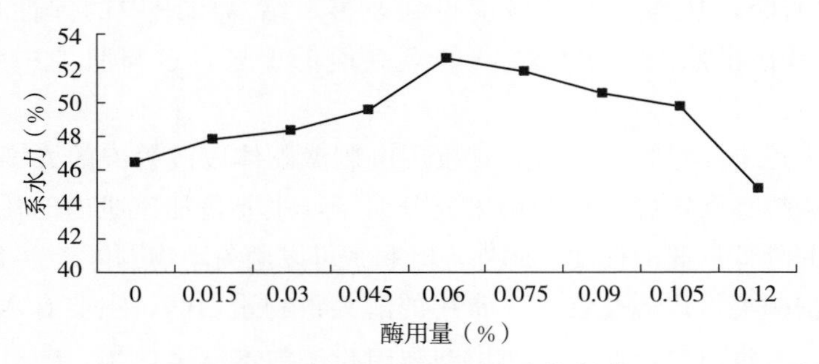

图 5-2 酶用量对驼肉系水力的影响

由图 5-2 可知，不同木瓜蛋白酶用量对驼肉的系水力影响较显著。当木瓜蛋白酶用量为 0.06%时，驼肉的系水力达到最大值 52.56%，然后逐渐降低；当用量为 0.12%时，驼肉的外观和形态完整性较差，系水力明显下降。

（3）木瓜蛋白酶的嫩化处理正交试验 单因素处理结果显示，木瓜蛋白酶用量为 0.015%、注射肉温度为 20℃、注射后恒温放置 60min 时，驼肉的嫩化效果最好。在单因素试验的基础上，酶用量（A）、嫩化温度（B）、嫩化时间（C）进行 L_9（3^3）三因素三水平正交试验（表 5-2、表 5-3），筛选木瓜蛋白酶处理的最佳嫩化条件。

表 5-2 因素和水平

水平	A（%）	B（℃）	C（min）
1	0.01	4	30
2	0.015	20	60
3	0.02	37	90

表 5-3 正交试验结果

因素	A	B	C	剪切力（N）
1	1	1	1	2.962 5
2	1	2	2	3.491 2
3	1	3	3	2.370 4
4	2	1	2	4.871 5

（续）

因素	A	B	C	剪切力（N）
5	2	2	3	3.075 7
6	2	3	1	4.281 4
7	3	1	3	5.340 2
8	3	2	1	3.848 5
9	3	3	2	4.441 2
ku_1	8.824 1	13.174 2	11.092 4	
ku_2	12.228 6	10.415 4	12.803 9	
ku_3	13.629 9	11.093 0	10.786 3	
RD	4.805 8	2.758 8	2.017 6	

由表5-3可以看出，对于因素A，因为$ku_3>ku_2>ku_1$，当酶用量取0.02%时结果最好，取0.01%时结果最差；对于因素B，$ku_1>ku_3>ku_2$，当温度取4℃时结果最好，取20℃时最差；对于因素C，其$ku_2>ku_1>ku_3$，当时间取60min时结果最好，取90min时结果最差。由此可得，木瓜蛋白酶嫩化骆驼肉的最佳条件是：木瓜蛋白酶用量为0.02%，处理温度为4℃，处理时间为60min。另外，由于$RD_A>RD_B>RD_C$，因此，因素对剪切力影响的显著性次序为：酶用量对剪切力的影响最大，温度次之，时间对剪切力的影响最小。

（4）嫩化驼肉的感官评定　根据肉样的色泽、黏度、弹性、气味、煮沸后的肉汤澄清程度，确定感官评定打分标准，感官评定评分细则见表5-4。

表5-4　感官评定细则

分值	色泽	黏度	弹性	气味	煮沸后肉汤
80～100	肌肉切面有光泽，红色均匀，脂肪洁白或淡黄色	外表微干或不黏手，新切面湿润	肌肉富有弹性，指压后凹陷部位立即恢复原状	具有鲜肉应有的正常气味，无异味	透明澄清，脂肪团聚于液面，具有鲜香味道
60～79	肌肉切面有光泽，红色均匀，脂肪洁白或淡黄色	外表干燥或黏手，新切面湿润	肌肉有弹性，指压后凹陷部位恢复较慢且不易完全恢复原状	肌肉稍有氨味或者酸味	稍有混浊，脂肪呈小滴浮于表面，无鲜味
60以下	肌肉切面肉色差，没有光泽	肌肉发黏严重	肌肉无弹性	肌肉异味重	混浊，味差

经上述方法嫩化处理的9个驼肉样品和未经处理的鲜骆驼肉样（对照组）一起置于4℃冰箱中保存，并在隔一天对其进行一次感官评定。嫩化肉的感官评定结果见表5-5。

表 5-5 嫩化驼肉感官评定结果（分）

样品号	贮藏时间（d）						
	1	2	3	4	5	6	7
1	90	90	85	80	80	70	65
2	90	90	85	85	75	75	65
3	95	95	90	85	75	70	70
4	95	90	80	70	60	60	55
5	95	90	90	80	75	70	65
6	95	95	85	80	75	75	70
7	95	90	90	85	75	70	60
8	90	85	85	75	75	65	60
9	90	90	85	80	70	65	60
10（对照）	95	95	85	80	75	70	65

由表 5-5 可知，用木瓜蛋白酶处理过的 1～9 号样品在 7d 内的感官品质与对照组样品的感官品质变化不大。其中第 4 号样品在第 4 天稍有酸味且表面轻微发黏，在第 5 天以后开始颜色变深，无光泽，无弹性，发黏较严重，异味重。除第 4 号样品第 4 天以后感官品质变化较 10 号对照样品稍差，其余样品感官品质与 10 号样品在 1 周内的变化基本保持一致。说明木瓜蛋白酶处理后的骆驼肉，感官品质基本不会发生改变。

四、肉的保水性

肉品的持水能力用肌肉系水力来衡量。肌肉系水力（water binding capacity，WBC）或称保水性（water holding capacity，WHC）是指当肌肉受外力作用时，如加压、切碎、加热、冷冻、解冻以及腌制等加工或贮藏条件下保持其原有水分与添加水分的能力。肌肉系水力直接影响肉品的贮藏和加工过程。良好的系水力能有效降低肉品的水分损失以及提高熟肉率，因此系水力可直接影响肉的嫩度、多汁性、风味和营养成分等食用品质，是肉质评定时的重要指标之一。肌肉系水力的测定指标有失水率、熟肉率等。

1. 肌肉系水力的物理化学基础 蛋白质吸水并将水分保留在蛋白质组织中的能力，主要依靠水和蛋白质之间电荷的相互作用、氢键作用和毛细管作用等。肌肉中的水是以结合水、不易流动水和自由水三部分形式存在，其中不易流动水主要存在于纤丝、肌原纤维及膜之间，是衡量肌肉系水力的主要指标之一，它取决于肌原纤维蛋白质的网格结构及蛋白质所带净电荷量。蛋白质处于膨胀胶体状态时，网格空间大，系水力就高；反之处于紧缩状态时，网格空间小，系水力就低。对骆驼不同部位肌肉、内脏、驼峰进行煮制试验，结果如表 5-6 所示。

表 5-6 双峰驼不同种类之间熟肉率及失水率的测定（%）

指标	种类		
	肌肉	内脏	驼峰
熟肉率	51.193±0.040	58.943±0.014	69.408±0.051
失水率	37.897±0.051	32.541±0.018	39.365±0.162

失水率是衡量肉的保水性能优劣的重要指标，两者呈直线负相关，即失水率越高，系水力越低，相应的肉质也越差。由表 5-6 可知，双峰驼肌肉失水率为 37.89%～39.36%。其中，驼峰的失水率最高，这是因为随着脂肪水平的升高，肉的持水能力下降。熟肉率是表示胴体不同部位在烹调时的损失程度，熟肉率越高，系水力越大，产品出品率越高，这表明肉的加工品质越好。双峰驼的熟肉率为 51.193%～69.408%。

2. 肌肉系水力的检测指标 肉的保水性可以用系水潜能、可榨出水分、自由滴水和蒸煮损失等术语来表示。系水潜能表示肌肉蛋白质系统在外力影响下超量保水的能力，用它来表示在测定条件下蛋白质系统存留水分的最大能力。可榨出水分是指在外力作用下，从蛋白质系统榨出的液体量，即在测定条件下所释放的松弛水量。自由滴水量则指不施加任何外力只受重力作用下蛋白质系统的液体损失量（即滴水损失）。蒸煮损失是用来测量肌肉经适当的煮制后水分的损失量。

3. 影响肌肉系水力的因素

（1）蛋白质 水在肉中存在的状况也称水化作用，与蛋白质的空间结构有关。蛋白质结构越疏松，固定的水分越多，反之则固定较少。蛋白质分子所带的净电荷对蛋白质的保水性具有两方面的意义：①净电荷是蛋白质分子吸引水的强有力的中心；②净电荷使蛋白质分子间具有静电斥力，因而可以使其结构松弛，增加保水效果。净电荷如果增加，保水性就得以提高；净电荷减少，则保水性降低。蛋白质分子是由氨基酸组成的，氨基酸分子中含有氨基和羧基，具有两性离子特点。可见，当 pH＞pI（等电点）时，氨基酸分子带负电荷；而当 pH＜pI 时，带正电荷。肌肉 pH 接近等电点（pH 5.0～5.4）时，静电荷数达到最低，这时肌肉的系水力也最低。

（2）pH 添加酸或碱可以调节肌肉的 pH，肉的 pH 直接影响肉的系水力，肉的 pH 与蛋白质的等电点一致时，也就是 pH 在 5.0 左右时，肉的保水性最低。如果稍稍改变 pH，就可引起保水性的很大变化。任何影响肉 pH 变化的因素或处理方法均可影响肉的保水性。

（3）食盐 食盐对肌肉系水力的影响与食盐的使用量和肉块的大小有关，使用一定离子强度的食盐，可增加肌肉中肌球蛋白的溶解性，从而提高肉的保水性，其原因主要是食盐能使肌原纤维发生膨胀。肌原纤维在一定浓度食盐存在下，会有大量氯离子被束缚在肌原纤维间，增加了负电荷引起的静电斥力，导致肌原纤维膨胀，使保水力增强。但当食盐使用量过大或肉块较大且食盐只用于大块肉的表面时，渗透压会造成肉脱水。

（4）磷酸盐 磷酸盐能结合肌肉蛋白质中的 Mg^{2+}、Ca^{2+}，使蛋白质的羟基被解离出来。羟基间负电荷的相互排斥作用使蛋白质结构松弛，从而提高了肉的保水性。焦磷酸盐和三聚磷酸盐可将肌动球蛋白解离成肌球蛋白和肌动蛋白，使肉的保水性提高。

（5）尸僵和成熟　肌肉的系水力在宰后的尸僵和成熟期间会发生显著的变化。刚宰后的肌肉系水力很高，但经几小时后，随着尸僵的发生，系水力就会开始迅速下降，持续24～28h。过了这段时间，僵直缓慢解除，随着肉的成熟，肉的系水力会徐徐回升，其原因除了pH的回升外，还与蛋白质的变化有关。

（6）加热　肌球蛋白是决定肉保水性的重要成分之一，但肌球蛋白对热不稳定，易于受热变性。肌球蛋白的过早变性会使肉保水能力降低。聚磷酸盐对肌球蛋白变性有一定的抑制作用，其可使肌肉蛋白质的保水能力稳定。肉加热时保水能力明显降低，加热程度越高保水力下降越明显。这是由于蛋白质的热变性作用使肌原纤维紧缩，空间变小，不易流动水被挤出。

（7）动物因素　畜禽种类、年龄、性别、饲养条件、肌肉部位及宰前宰后处理等，对肉保水性都有影响：兔肉的保水性最佳，其次为牛肉、猪肉、鸡肉、马肉、驼肉；就年龄和性别而论，保水性大小依次为去势动物＞未去势动物、幼龄＞老龄，成年动物保水性随体重增加而降低；不同部位的肉保水性也有明显差异，保水性大小依次为胸锯肌＞腰大肌＞半膜肌＞股二头肌，骨骼肌较平滑肌的保水性好，颈肉、头肉比腹部肉、舌肉的保水性好。在加工过程中还有许多影响保水性的因素，如滚揉按摩、斩拌、添加乳化剂、冷冻等，可以提高肉的保水性，而冻藏后的肌内蛋白保水性明显降低。冻藏时间越长、反复冻融次数越多，保水性越低。

五、肉的多汁性

多汁性也是影响肉食用品质的一个重要因素，尤其对肉的质地影响较大，研究结果显示，多汁性程度可决定肉质地的差异性。烹调时发生的缩水程度直接与口腔中感觉到的多汁性降低有关。例如，幼畜肉刚入口时给人多汁的感觉，而最后由于相对缺乏脂肪，又会给人干燥的感觉。优质肉比劣质肉多汁，这主要是因为优质肉中肌肉脂肪含量比较多。有人提出，当肉的pH为6左右时，由于肌肉发生尸僵，其多汁性达到最低程度。冻结处理本身不影响肉的多汁性，贮藏期能影响肉的多汁性。在肉成熟期间，也明显存在成熟时间对肉多汁性的影响。冻结脱水处理即使是在最佳的条件下实行，也能造成肉的多汁性发生某种程度的降低。使用产生高极限pH的方法，在某种程度上能减轻冻结脱水对肉多汁性的不利影响。

1. 多汁性的主观评定　多汁性的评定较可靠的是主观评定，现在尚没有较好的客观评定方法。对多汁性的主观感觉（口感）评定可以分为四个方面：①开始咀嚼时肉中释放出的肉汁多少；②咀嚼过程中肉汁释放的持续性；③在咀嚼时刺激唾液分泌的多少；④肉中的脂肪在牙齿、舌头及口腔其他部位的附着给人以多汁性的感觉。

2. 影响因素

（1）肉中脂含量　在一定范围内，肉中脂肪含量越多，肉的多汁性越好。因为脂肪除本身产生的润滑作用外，还刺激口腔释放唾液。脂肪的含量对重组肉的多汁性尤为重要。据 Bery 等测定，脂肪含量为 18%和 22%的重组牛排远比含量为 10%和 14%的重组牛排多汁。

（2）烹调温度　一般烹调结束时温度越高，多汁性越差，如 60℃结束的牛排就比 80℃结束的牛排多汁，而后者又比 100℃结束的牛排多汁。Bower 等仔细研究了肉内温度从 55℃升到 85℃这一阶段肉的多汁性变化，发现多汁性下降主要发生在两个温度范围，一个是 60～65℃，另外一个是 80～85℃。

（3）加热速度和烹调方法　不同烹调方法对多汁性有较大影响，同样将肉加热到 70℃，采用烘烤方法肉最为多汁，其次是蒸煮，然后是油炸，多汁性最差的是加压烹调。这可能与加热速度有关，加压和油炸速度最快，而烘烤最慢。另外，在烹调时若将包围在肉上的脂肪去掉将导致多汁性下降。

（4）肉制品中的可榨出水分　生肉的多汁性较为复杂，其主观评定和客观评定相关性不强，而肉制品中可榨出水分能够较为准确地用来评定肉制品的多汁性，尤其是香肠制品两者呈较强的正相关。

六、肉品质的检测技术

肉品质包括四个方面：一是食用品质，二是营养品质，三是技术品质或加工品质，四是安全品质或卫生品质。随着人们对动物保护和环境保护意识的增强，有人赋予肉品质另一个层次的内涵，即人文品质或动物福利，对动物的饲养方式（粗放式散养、集约化囚禁式饲养）和饲养环境（有机畜牧、绿色畜牧）均提出更高的要求。食用品质是决定肉类商品价值的最重要因素。

对于肉类食用品质，人们大都从嫩度、色泽、风味、多汁性等几个方面来进行评价。其中嫩度反映肉的质地和鲜嫩程度，是消费者评判肉质优劣的最常用指标；色泽给人以第一印象，是决定消费者购买欲望的重要因素；风味包括滋味和气味，其强弱与氨基酸、脂肪酸等物质的组成有关；多汁性与肉中脂肪含量和水分含量有关。嫩度、风味和多汁性决定了人们对肉品的喜好程度。

当前肉品质检测技术主要包括物理化学分析方法、计算机视觉技术、光谱学方法等。物理化学分析法耗时长，实验条件要求高，投资大，多用于研究性检测；计算机视觉技术依据图像处理方法仅能对肉品的新鲜度作出判定，无法全面地检测肉品的品质信息。这里主要介绍生物阻抗技术、分子吸收光谱技术等在肉品质检测方面的应用。

1. 生物阻抗技术　生物阻抗是生物组织的一个基本的物理参数，反映生物组织、器官、细胞或整个生物机体的电学性质。近年来，阻抗谱分析方法作为一种快速和非破坏性的方法，相关理论和技术已逐渐形成。研究人员探索地将阻抗谱分析方法应用于分析肉品新鲜度以及肉品中水分、蛋白质、肌原纤维等的含量，可以针对肉样品新鲜程度，设计试验并用肉品阻抗谱检测仪器对其进行检测。试验结果表明，随着肉品组织新鲜度的变化，肉品组织复阻抗以及复阻抗实部和虚部值都在发生规律性的变化。其中，复阻抗虚部特征频率点处表现出来的规律尤为明显，通过分析特征频率点处的复阻抗值可以分辨出肉品在短时间内的新鲜度变化。

2. 分子吸收光谱技术 光谱分析法是基于物质对不同波长光的吸收、发射等现象而建立起来的一类光学分析法。光谱是光的不同波长成分及其强度分布按波长或波数次序排列的记录，它描述了物质吸收或发射光的特征，可以给出物质的组成、含量以及有关分子、原子的结构信息。由分子吸收或发光所形成的光谱称为分子光谱，分子光谱是带状光谱。

（1）红外吸收光谱分析 红外吸收光谱又称为分子振动-转动光谱。习惯上按红外线波长将红外光谱分成近红外区、中红外区、远红外区三个区域，但在肉类研究中应用最多的是近红外光谱。近红外光谱是介于可见光谱区和中红外光谱区之间的电磁波，根据美国试验和材料协会规定，其波长范围为 700～2 500nm。使用近红外光谱快速分析技术，肉类工业能够实现快速、在线、无损地检测肉类品质，更好地针对实际数据对肉类进行客观、准确的定价，能给肉类加工工业和其他工业带来巨大的经济效益和社会效益。

（2）紫外吸收光谱分析 紫外-可见吸收光谱统称为电子光谱。它是利用某些物质的分子吸收 200～800nm 光谱区的辐射来进行肉品成分分析，其基本原理是：决定肌肉颜色的物质主要是肌红蛋白和血红蛋白的各种异构体等。肌红蛋白是由珠蛋白和铁卟啉构成，具有能溶于水和在一定条件下保持原有结构的特性，其各种色蛋白（红色）的最大吸收峰比较接近，均在 540nm 左右，因此，利用组织浸提液提取肌红蛋白的各种异构体，并在 540nm 波长处测定其吸光度。由于此吸光度是肌肉组织中各种色素成分的总和，因此，用肌肉总色素表示。紫外分光光度法还可以用于肉糜制品功能性质的评估。

随着科学技术的发展，智能化、在线化的无损测定技术是肉类食用品质测定方法研究的发展方向，其应用范围也会逐渐扩大。光谱分析技术测定较为客观，重复性高、可比性强，能在较大程度上反映肉的食用品质。

3. 超声波检测技术 根据声波在畜肉中传播时的反射、散射、透射和吸收特性、衰减系数、传播速度等，低能量超声波（频率大于 200kHz）检测技术在肉品质评定中开始应用，其主要特点是方向性好、穿透能力强，易于获得较集中的声能，且不会影响检测对象的性质，获得的信息分为超声波谱和超声成像。最早的研究是将超声应用在肥瘦肉中，根据其在肥瘦肉中传播速度及不同介质交互面上的反射差异来检测胴体的肥瘦肉厚度及肥瘦比，国外已有应用于商业的超声波检测胴体分级系统，如 Ultrason300（SFK，丹麦）、AutoFom（SFK，丹麦）、CVT-2（AUS，美国），有些已经被规定为标准的检测设备。这些系统克服了单点或径向多点探测时由于胴体不同部位肥瘦分布不一致而引起的误差，实现了胴体背部的精确全面检测，但系统组成复杂，成本较高。其改进的方法是对胴体采用超声波扫描获得眼肌切面的结构图像，结合光学成像技术获得胴体背面和侧面的二维图像、结构和三维重建图像，计算该胴体的体积、背面面积、侧面面积等多个特征，建立动物胴体瘦肉率的预测模型。该模型因为融合了超声波图像特征和光学图像特征，较超声波检测的模型复杂，但硬件系统相对简单，其预测结果也较好。

利用声音传播速度取决于介质的体积弹性模量和密度的性质，可以应用超声波对嫩度、弹性等与胴体组织结构相关的品质进行检测。肌内脂肪含量（intramuscular fat，IMF）关系到肉的大理石花纹、嫩度、多汁性与风味等食用品质，是影响消费者购买的关键因素之一。其含量不同，肌肉结构组织也不同，对超声波波谱的振幅、散射与衰减特性也不同。

4. 电子鼻技术与核磁共振技术 根据检测对象的气体信息，利用气敏化学传感器阵列结合模式识别及处理部件对其品质进行检测的技术称为电子鼻技术，在肉品品质检测中主要用于新鲜度的检测。Arnold 等（1998）通过电子鼻分析肉制品加工过程中微生物种类和数量的变化，从而判断肉制品的新鲜程度。Santos 等（2004）通过电子鼻分析伊比利亚火腿原料肉种类和成熟时间。但电子鼻存在采集时间长及需要进行封闭式采样等缺点，很难直接应用于开放空间的在线检测；另外，气味主要用于肉制品风味的评价和贮藏肉新鲜度的检测，在鲜肉品质综合评价中所占权重较小。

有磁矩的原子核（^{1}H、^{13}C、^{15}N、^{31}P 等）在磁场作用下会发生能级分裂，在有相应的电磁波作用时，在核能级之间会发生共振跃迁，即核磁共振（nuclear magnetic resonance，NMR），该技术可以定性和定量检测肉中各种含磷化合物，如 ATP、无机磷、磷酸肌酸等，并对它们进行动态跟踪，能够在分子水平上阐明宰后肉的能量变化与肉的食用品质关系和添加到肌肉中磷酸盐的变化过程，以确定最佳的屠宰方式和后续加工工艺。NMR 能获得物质中水分子的结构信息，水分的结合力越强，核磁共振谱的横向弛豫时间越低，由此可检测肉 WHC 特性。

5. 电子舌技术 与常规的理化检测方法相比，电子舌作为一种能够客观、快速地评价肉样品整体味觉信息的新型检测手段，操作简单，重复性好，并且能实现肉新鲜度便捷、无损、实时在线检测的要求。电子舌技术的基本原理是模拟人类的味觉识别系统，人类味觉识别基本过程为：舌头表面上的味蕾接收食物中呈味物质的刺激，产生兴奋信号，信号通过神经系统传递到大脑，大脑对所获取的信息进行综合分析，从而对味觉作出判断。电子舌的味觉传感器阵列相当于舌头，可以将样品组分的化学信息转换成电信号，信号采集系统对味觉传感器产生的电信号进行采集和传输，最后将这些信号送入计算机中，由模式识别系统对采集的数据进行处理与分析，作出判断并输出结果。采用 PCA 对电子舌数据进行处理，同时建立电子舌数据和理化指标值、细菌总数之间的 PLS 定量回归模型。样本的电子舌数据可以依据贮藏时间的不同在 PCA 图上实现有效区分，且电子舌数据对理化指标值和细菌总数的预测值和真实值之间的相关系数均达到 0.98 以上，可见 PLS 模型具有较高的预测精度。电子舌作为一种新型的现代化智能感官仪器，在肌肉的品质以及新鲜度评价中具有巨大潜力。

第二节　驼肉冷却

目前，对肉的保藏主要采用冷冻贮藏的方法，但这种方法有一定的局限性和缺陷。国内开始研究和应用的新的保藏方法有真空包装与气调包装技术、生物防腐剂乳酸链球菌素、食品防腐剂、有机酸类保鲜剂、辐射保藏技术、超高压技术、高强度脉冲电场技术等，这些技术有些已被应用，有些正处于研究阶段。专家指出，冷却肉将成为我国肉类消费的主流。据报道，目前在欧美一些发达国家，小包装冷却肉已经发展成为肉类销售的主要品种，已占肉类总产量的60%以上，这些国家都拥有科学的加工工艺和流通技术，以及完善有效的质量控制体系，在其超市里展售的基本上是冷却肉。我国百姓仍旧习惯于购买凌晨宰杀、清早上市、还保持着一定温度的“热鲜肉”，冷却肉的生产和消费刚刚起步，在肉类总产量中所占的比重还很小。

一、宰后胴体的冷却工艺

（一）冷却的目的

冷却肉是指家畜屠宰后的胴体经过一定时间的冷却处理，使胴体温度（以后腿内部为测量点）保持0～4℃的低温，并在后续的加工、流通和零售过程中始终保持在0～4℃范围内的鲜肉。与热鲜肉相比，冷却肉是始终处于冷却环境下，大多数微生物的生长繁殖被抑制，肉毒梭菌和金黄色葡萄球菌等致病菌已不分泌毒素，可以确保肉的安全卫生。冷却肉经历了较为充分的解僵成熟过程，具有质地柔软有弹性、色泽鲜红滋味美、汁液流失少、营养价值高等优点。

（二）冷却条件及注意事项

在肉类冷却中所用的介质，可以是空气、盐水、水等，但目前一般采用空气，即在冷却室内装有各种类型的氨液蒸发管，借助空气媒介将肉体的热量散发到空气，最后传至蒸发管。肉类冷却过程的速度，取决于肉体厚度和热传导性能。

1. 冷却条件

（1）空气温度　刚屠宰后的胴体，表面潮湿，温度适宜，对于微生物的繁殖和肉体内酶类的活动都极为有利，因而应尽快降低其温度。在冷却初期，肉体热量大量导出，因此冷却间的温度在未进料前，应先降至－4℃左右，这样等进料结束后，可使库内温度维持在0℃左右，而不会过高。此时胴体表面温度应控制在10℃左右，等到肉的pH降到6.0左右时，随后在整个冷却过程中，维持－1～0℃，如肉体pH未降到6.0之前温度降到过低会引起冷收缩现象，温度过高则会延缓冷却速度，因此，胴体的冷却必须采用科学合理的手段，既防止微生物生长，也避免冷收缩现象的产生。

（2）空气相对湿度　水分是助长微生物活动的因素之一，空气湿度越大微生物活动能力也越强，特别是霉菌。过高的湿度也影响肉表面形成干燥皮膜，肉水分蒸发增加，肉的干耗较大。因此，在驼肉冷却的初期阶段（占总时间的1/4），冷却介质和肉体之间的温差较大，冷却速度快，表面水分蒸发量在开始初期的1/4，以维持相对湿度95%以上为宜，不仅可以减少水分的蒸发，而且由于时间较短，微生物也不会大量繁殖。在后期阶段（占总时间的3/4），以维持相对湿度90%～95%为宜，临近结束时约在90%左右。这样既能保证肉类形成油干的保护膜，又不致产生严重的干耗。

（3）空气流动速度　由于空气的热容量很小，即不及水的1/4，因此对热量的接受能力很弱。同时其导热系数小，故在空气中冷却速度缓慢。在其他参数不变的情况下，只有增加空气流速来达到加快冷却速度的目的。但过快的空气流速，会大大增加肉表面干耗并且消耗电力，冷却速度却增加不大。因此，在冷却过程中空气速度以不超过2m/s为宜，一般采用0.5m/s左右，或每小时10～15个冷库容积。

2. 注意事项　经屠宰、修整、检验和分级后的驼肉，应立即由单轨吊车送入冷却间。肉体在冷却间的装载情况，应注意下列几点：

（1）在吊车轨道上的胴体，保持间距3～5cm。轨道负荷每米定额以四分体胴体计，2～3片（约200kg）为宜。

（2）凡不同等级肥度的驼肉，均应分室冷却，使全库胴体能在相近时间内冷却完毕。如同一等级而体重有显著差别者，则应将体重大的挂在靠近排风口，使其易于形成干燥膜。

（3）四分体胴体的肉表面应迎向排风口，使其易于形成干燥膜。

（4）在平行轨道上，按“品”字形排列，以保证空气的均匀流通。

（5）装载应一次进行，越快越好，进货前保持清洁，并确保无其他正在冷却的货物，以免彼此影响。

（6）在整个冷却过程中尽量少开门，减少人员进出，以维护特定的冷却温度和减少微生物的污染。

（7）冷却间宜安装紫外灯，其功率为每平方米平均1W，每昼夜连续或间隔照射5h，这样可使空气达到9%的灭菌效率。

（8）副产品冷却过程中，尽量减少水滴、污血等物，并尽量缩短进入冷却库前的停留时间，整个冷却过程不要超过24h。

（9）驼肉冷却终点以胴体后腿最厚部位肉的中心温度达到0～4℃为标准。为了肉的冷却过程更加科学、合理、安全、快速，肉类的冷却过程采用分阶段冷却的新工艺，在冷却过程中采用前后两段进行，所用的风速、风温和湿度不同，要求风温、风速和湿度是自动调节。第一阶段风温为－10～－5℃，第二阶段为2～4℃。第一阶段的冷却时间一般为2～4h，胴体的内部温度降至20℃，接着进行第二阶段再冷却，一般是在当天夜间进行，经过14～18h的冷却，肉的内部冷却到4～6℃，冷却间的温度升高到2～4℃。第一阶段冷却间的相对湿度保持在95%以上，第二阶段保持90%～

95%。两段快速新工艺冷却法的优点：耗时短、节能、避免冷收缩的产生，肉外观良好、表面干燥、肉味很好，并且重量损失少，在相同生产面积上的加工量增加1.5～2倍。

（三）肉类在冷却冷藏中空气条件对干耗的影响

肉类在冷却冷藏过程中，由于肉体表面水分的蒸发而引起干耗。干耗不仅造成肉的重量损失，而且使肉品质量变差，营养价值降低。肉类的干耗易受冷却室温度、湿度和空气流动速度的影响。一般为了防止干耗产生，可采用低温高湿的空气。冷藏时间越长，微生物越易生长，因此，一般认为冷藏食品温度应在0～1℃，湿度以90%～95%为宜。

二、冷却肉的特点

1. 安全系数高 骆驼检疫、屠宰及驼肉排酸、剔骨分割、包装、运输、贮藏、销售的全过程始终处于严格监控下，防止了可能发生的污染，降低了初始菌数，并且屠宰后的产品一直保持在0～4℃的低温环境下运行，提高了肉的安全、卫生品质。

2. 营养价值高 冷却肉的生产遵循了肉类生物化学基本规律，在适宜温度下，胴体有序完成了尸僵、解僵、软化和成熟这一完整过程，使肌肉蛋白质正常降解，肌肉排酸软化，嫩度明显提高，有利于人体的消化吸收；而且冷却肉的生产无需冻结，食用前无需解冻，不会产生营养流失，克服了冻结肉的这一营养缺陷。

3. 感官舒适性好 冷却肉在规定的保质期内色泽鲜艳，肌红蛋白不会褐变，肉质更为柔软。因其在低温下逐渐成熟，某些化学成分和降解形成的多种小分子化合物的积累，使冷却肉更嫩，熬出的汤清亮醇香，风味明显改善。

三、冷却肉的货架期

冷却驼肉的货架期要受骆驼种类、品种、性别、年龄、生长环境、喂食等宰前因素影响，还要受屠宰环境的卫生条件、操作过程中的工艺参数及方法、所用器具及设备、环境温度、初始污染微生物的种类及数量、冷却肉的贮存温度、包装材料的透气性与包装袋内的气体比例等的影响。影响冷却肉货架期的因素有如下几个方面。

（一）屠宰骆驼的来源

待宰骆驼必须来自非疫区，要严格执行疫情检查，并建立合格供应商目录，按照国家卫生标准及企业要求收购骆驼，并进行抽样检验，以保证安全健康。

（二）生产环境

冷却肉的生产工艺比较复杂，产品本身富含蛋白质、脂肪，水分活度高，有利于腐败微生物的生长和繁殖。对冷却肉的生产环境温度和工作场所卫生条件要求非常严格，包括生产加工要符合流水作业要求，污水、污物、废气应及时有效处理，良好的通风条件，生产人员的卫生，器具的卫生，生产的温度控制等。因此，冷却肉的生产过程要实行全程质量控制，以良好操作规范（GMP）和卫生标准操作程序（SSOP）为操作准则，运用全程质量控制的危害分析与关键控制点（HACCP）质量管理体系，通过对关键控制点验证分析，确定每个控制点的关键限值，建立生产与流通环节质量管理体系，实现从屠宰到消费整个过程的全面监控管理，来确保整个生产与商业流通过程中的产品质量与安全。SSOP、HACCP 和 GMP 在应用上既相互联系又各具特点，SSOP 和 GMP 是生产企业必备的基础条件，HACCP 对加工过程的关键控制点具有决定性作用。在冷却肉的生产过程中，只有将这几方面紧密结合起来，才能做到产品质量与经济效益的统一。

（三）初始菌数

冷却肉的初始菌数对其货架期有着至关重要的影响。来自健康的骆驼屠宰的肌肉组织内部是无菌的，冷却肉表面所存在的微生物主要是在骆驼屠宰、分割以及生产与流通过程中被污染的，主要来自胴体外部、内脏及刀具、地面、墙壁和工作台等，经屠宰分割后冷却肉表面最终细菌总数一般在 10^3～10^4CFU/g 范围。因此，冷却肉的初始菌数常能反映屠宰厂的卫生条件，而且冷却肉的货架期与初始菌数成反比。为了降低冷却肉表面的初始菌数主要运用 HACCP 系统工作原理，以 GMP 为操作准则，对屠宰的整个过程实施监控管理，采用先进的冷却工艺，快速使胴体冷却，并最大限度地减少冷却方法对胴体重量、胴体品质及微生物安全稳定性的不利影响，确保冷却肉的质量。

（四）冷却肉的贮存温度

温度是影响冷却肉中微生物菌群的最重要环境因素。冷却的目的是将环境温度降至微生物生长繁殖适宜温度范围以下，钝化微生物的酶活性，减缓生长速度，延长世代时间，降低脂肪氧化速度。当冷却肉出现异味和表面发黏现象时，其表面细菌总数已经增加到 10^7CFU/g 以上。当冷却肉的初始菌数为 10^3CFU/g 时，在 20℃贮藏时，微生物将快速生长，微生物的繁殖又造成氧分压降低，高铁肌红蛋白的形成明显增加，并引起肌红蛋白球蛋白部分变性，使其失去保护血红素的生理功能，使肉色褐变。在这一温度下贮存的生肉，贮存 3～4d 表面就出现黏液；在 10℃贮藏时，表面出现黏液的时间延长至 8d；在 5℃贮藏时，出现表面发黏在 12d 时发生；而在 0℃贮藏时，最初几天的细菌总数不但不升高反而降低，这是因为在 0℃下，一些细菌已经死亡，而嗜冷性细菌又处在其生长的停滞期（5℃时微生物的迟滞期为 24h，0℃时的迟滞期可延长至

2～3d)，需要逐步适应环境才能生长起来，以后生长也非常缓慢，因此，0℃下贮存的冷却肉，出现气味异常和表面发黏分别在16d和22d时才发生。由此可见，低温贮存可有效地抑制微生物的生长，从而延长冷却肉的货架期。据宋树鑫等采用改性聚乳酸薄膜对阿拉善双峰驼肉的自发性气调保鲜效果显示，聚乳酸（poly L-lactic acid，PLLA）/聚对苯二甲酸-己二酸-1，4-丁二醇酯（poly butylene adipate-co-terephthalate，PBAT）共混薄膜应用于驼肉的均衡自发气调包装。与单纯的PLLA薄膜包装相比，PLLA/PBAT薄膜的氧气和二氧化碳透过率分别增大了31.4%和30.98%，断裂伸长率提高了17倍以上。在贮藏期间，PLLA/PBAT包装内形成了稳定的气体组分，有效延缓了驼肉的菌落总数和挥发性盐基氮的增长，使其新鲜的红色和良好的感官得以维持，并将肉样的货架期延长到20d以上，裸露的肉样货架期不足3d。这说明，PLLA/PBAT混合薄膜与单纯PLLA薄膜相比，其韧性提高了17倍以上，而且对O_2和CO_2的通透性有适量提高，使其浓度长时间保持稳定，既抑制了微生物的繁殖，又保护了驼肉的新鲜红色，达到了自主气调保鲜目的。

第三节　驼肉冷藏和冻藏

驼肉冻藏是运用人工制冷技术来降低温度以保藏肉类的技术，可使其达到最佳保鲜程度。

一、冷藏原理

驼肉是容易腐败的食品，容易引起微生物的生长繁殖和自体酶解而使肉腐败变质。低温冷藏可以抑制微生物的生命活动和钝化酶的活性，从而达到贮藏保鲜的目的。由于其方法易行、冷藏量大、安全卫生并能保持肉原有的颜色和状态，因而被广泛应用。

（一）低温对驼肉表面微生物的作用

微生物在生长繁殖时受很多因素的影响，温度的影响是最主要的。适宜的温度可促进微生物的生命活动，改变温度超出微生物生长繁殖所需温度范围可减弱其生命活动甚至使微生物死亡。各种微生物都有一定的最适宜生长温度和变动范围。大多数致病菌和腐败菌属于嗜温菌，温度降低至10℃以下可延缓其增殖速度，在0℃左右条件下基本上停止生长发育。许多嗜冷菌和嗜温菌的最低生长温度低于0℃，有时可达−8℃。降到最低温度后，再进一步降温时，就会导致微生物死亡，不过在低温下它们的死亡速度比在高温下缓慢得多。在正常情况下，微生物细胞内各种生化反应总是相互协调一致，但降温时由于微生物物质代谢过程中的各种生化反应减慢的速度不同，破坏了各种反应原来的协调一致性，影响了微生物的新陈代谢。温度降得越低，失调程度也越大，从而破坏了微生物细胞内的新陈代谢，使其增殖受到抑制甚至达到完全终止的程度。

温度下降至冻结点以下时，微生物及其周围介质中水分被冻结，使细胞质黏度增大，电解质浓度增高，细胞的 pH 和胶体状态改变，使细胞变性，加之冻结的机械作用使细胞膜受损伤，这些内外环境的改变是微生物代谢活动受阻或致死的直接原因。

有些微生物对低温有一定抗性，如嗜冷菌在－12～－6℃仍可以增殖。实践中可以观察到肉在－6℃以上贮存时，细菌也能繁殖；低于－6℃时 2～3min 内细菌数减少，随着时间延长细菌数又增多，这是耐低温细菌增殖的结果。各种微生物对低温的抵抗力也不同，一般球菌比革兰氏阴性杆菌抗冷能力强，葡萄球菌和梭状芽孢杆菌属的菌体比沙门氏菌属抗冷性强，细菌芽孢、霉菌孢子及嗜冷菌有较强的抗低温特性。

（二）低温对酶的作用

酶是生命体组织内的一种特殊蛋白质，负有生物催化剂的使命。酶的活性与温度有密切关系。大多数酶的适宜活动温度为 30～40℃。动物屠宰后如果不很快降低肉尸温度，在组织酶的作用下，将引起自身溶解而变质。低温可抑制酶的活性，延缓肉内化学反应的进程。低温对酶的抑制作用并不是完全的，酶在低温下仍能保持部分的活性，因而酶的催化作用实际上也未停止，只是进行得非常缓慢，如胰蛋白酶在－30℃下仍然有微弱的反应，脂肪分解酶在－20℃下仍然能引起脂肪水解。一般在－18℃即可将酶的活性减弱到很小，因此低温贮藏能延长肉的保存时间。

二、驼肉冻结和冻藏

肉类经过冷却后（0～4℃）只能做短期贮藏，而要长期贮藏必须对肉进行冻结，使肉的温度从 0～4℃降低至－8℃以下，通常为－18～－15℃。肉中 80%以上的水分都冻成冰结晶的过程称为肉的冻结。冻结肉类的主要目的是使肉类保持在低温下，减少肉体内部微生物、酶以及一些物理变化的发生，减少肉类品质下降。因此，肉类冻结不仅要保持感官上的冻结状态，更主要的是防止肉类的变质。但是，在肉冻结时不可避免地会产生冰结晶，而冰结晶又会给肉类的品质带来不好的影响，因此如何减少冰结晶对肉品质的影响，便成为研究的最大技术问题。在肉类冻结技术中，提倡快速冻结，现在又提倡深度低温冻结，就是因为它们都具有减少冰结晶影响的效果。

（一）驼肉冻结

驼肉温度降到冻结点即出现冰晶，随着温度继续降低，水分的冻结量逐渐增多，但要使驼肉中的水分全部冻结，温度要降到－60℃以下。只要使绝大部分水冻结，就能达到贮藏的要求。一般冷库的贮藏温度为−25～−18℃。

1. 冻结速度 在肉的冻结过程中，肉中心温度从−1℃降到−5℃的最大冰晶形成期所需的时间，在30min之内时称为快速冻结，超过30min时称为慢速冻结。快速冻结和慢速冻结虽然都能达到冻结的目的，但对肉品质量的影响却显著不同。

驼肉的冻结速度快，肉组织内冰层推进速度大于水移动速度时，冰晶分布更接近天然肉中液态水的分布情况，且冰晶呈针状结晶体。如冻结速度慢，由于细胞外溶液浓度低，因此首先在这里产生冰晶，而此时细胞内的水分还以液相残存着。同温度下水的蒸汽压大于冰的蒸汽压，在蒸汽压差作用下细胞内的水向冰晶移动，形成较大的冰晶且分布不均匀。水分转移除由于蒸汽压差影响外，还由于动物死后蛋白质变化，使细胞膜的弹性降低而加强。

2. 冻结温度曲线 随着冻结的进行，肉品温度在逐渐下降。图5-3显示冻结期间肉品温度与时间的关系曲线。曲线分三个阶段。

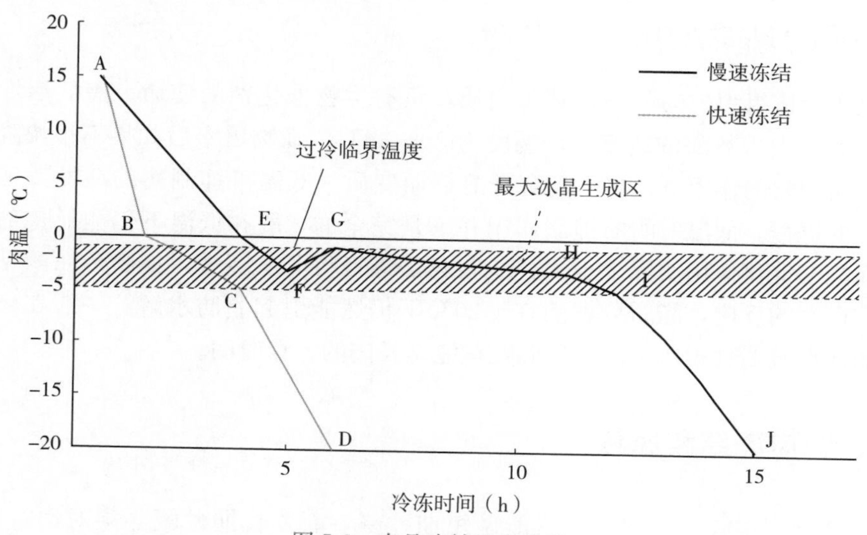

图5-3　肉品冻结温度曲线

第一阶段，肉品由初温降至冻结点，即肉品冻结前的冷却阶段，这时放出的是显热，此热量与全部放出的热量比较，其值较小，故降温快，曲线较陡。在这一阶段中空气温度、肉间风速是影响冷却过程的主要因素。

第二阶段，此时肉品大部分水变成冰，由于冰的潜热大于显热50～60倍，整个冻结过程的绝大部分热量在此阶段放出，故降温慢，曲线平坦。在−5～−1℃温度范围内，几乎80%水分结成冰晶，此温度范围称为最大冰晶生成区。这对保持冻品品质是最重要的温度区间。

第三阶段，从成冰到终温，此时的热量来源一部分是冰的降温，一部分是其余水分继续结冰。冰的比热比水小，按理曲线更陡，但因还有残留水结冰，其放出热量较多，因此曲线不及第一阶段那样陡。

3. 冻结过程中的物理变化 肉类在冻结过程中出现许多物理、化学和生物化学方面的变化。现将冻结过程中的几个物理参数的变化介绍如下：

（1）冻结点下降　肉的冻结点直接受肉内汁液的浓度影响而变化。冻结点的变化是由于冻结过程中肉内水分冻结而引起的，水分冻结越多，肉内残余汁液的浓度越高，冻结点也随之下降。

（2）冻结膨胀　水变成冰时，其体积大约膨胀9%。因此，将水冻结时体积会增大。由于体积膨胀所产生的冻结压力较大，因此对肉品有很大的影响。

（3）冻结过程中的干耗　胴体在冻结过程中会因水分蒸发而发生重量损失（即干耗）。冻结过程中水分的蒸发主要取决于肉体表层与肉体周围的空气状态，即水蒸气的分压力之差值和时间的长短。肉间风速的大小影响表层蒸发系数的大小，同时也影响冻结时间的长短。

4. 冻结方法

（1）空气冻结法　指以空气作为肉品与氨蒸发管之间的热传导介质。在肉类工业中，此法是应用得最多最广泛的方法。空气冻结法优点是经济、方便，缺点是由于空气是热的不良导体，因而冻结速度较慢。

（2）液体冻结法　是以液体（一般为氯化钠和氯化钙溶液）作为肉品与氨蒸发管之间的热传导介质，故又称盐水冻结法。这种方法除鱼类以外，在肉类工业中目前还极少应用。

（3）冰盐混合物及固态二氧化碳冻结法　在冻肉临时保藏和冻肉运输等方面有时采用这种方法。

（4）液氮冻结法　是肉品（分割肉和肉制品）在雾状的液氮中冻结的方法。液氮冻结器的形状呈隧道状，中间是不锈钢丝制成的网状传送带，肉品就在上面移动，内外覆以不锈钢板，以泡沫塑料隔热。传送带在隧道内带着肉品依次经过预冷区、冻结区、均温区，冻结完成后由隧道出口处取出。

（二）驼肉冻藏

1. 冻藏时的变化　冻结肉在－18℃以下的低温冷藏库内进行贮藏，由于肉类中90%以上的水分已冻结，酶与微生物的作用受到抑制，肉类就不会腐败，可做较长时间的贮藏。但是在冻藏过程中，由于冷冻库温度的上下波动，且冻藏期又较长时，在空气中氧的作用下肉中成分会缓慢地发生一系列的变化，使冻藏肉的品质有所下降。

（1）冰结晶的成长　刚生产出来的冻结肉，其冰结晶大小不一定全部均匀一致。在冻藏过程中，冻藏温度的波动引起冰结晶表面蒸汽分压不同，导致细微的冰结晶会逐渐减少、消失，而大的冰结晶逐渐成长、变得更大，肉品中整个冰结晶的数目也大大减少，这种现象称为冰结晶成长。肉中冰结晶的成长是冰结晶周围的水或水蒸气向冰结晶移动，附着并冻结在上面。因为在冻结肉内部存在有三个相：大小不同的冰结晶是固相，残留的未冻结水溶液是液相，水蒸气是气相。它们之间的饱和水蒸气压有下述关系：液体的水蒸气压＞冰结晶的水蒸气压；气体的水蒸气压＞冰结晶的水蒸气

压；小型冰结晶的水蒸气压>大型冰结晶的水蒸气压。压差的存在使水蒸气压高的一方就向水蒸气压低的一方移动，水蒸气不断附着并凝结到冰结晶上面，使大冰结晶越长越大，而小冰结晶逐渐减少、消失。在冻藏过程中，如果温度经常变动，细胞间隙中的冰结晶也会成长。

为了防止冻藏过程中因冰结晶成长给冻藏肉带来的不良影响，可以采用深温快速冻结方式、低温且恒湿冻藏手段。

（2）冻结肉在冻藏过程中的干耗　冻结肉在冻藏中的干耗与冷却肉在冷藏中的干耗不同之处是没有内层水分向表层移动的现象，仅限于冻结肉的表面层水分蒸发，而且这种蒸发是极细小的冰结晶体升华。因此，经较长期贮藏后的冻肉在向脱水现象转变时，表面会形成一层脱水的海绵状层，使肉表面层的组织形成海绵状，并随着贮藏时间的延长，海绵体逐渐加厚，使冻结肉丧失原有的味道和营养。另外，随着细小冰结晶的升华，空气随即充满这些冰晶体所留下的空间，使其形成一层具有高度活性的表层，在该表层中将发生强烈的氧化作用。这不仅引起肉的严重干耗损失，而且可引起其他方面的变化，如表层的色泽、营养成分、消化率、肉品外观等都发生明显的变化。正是由于这样，无论从保持肉品质量还是减少损耗等方面去研究和防止干耗问题都是目前肉类贮藏中的一项重要任务。

影响干耗的因素很多，如肉品种类、形状、表面积大小、空气介质、冻藏空间大小、装载量、季节温度及库门开放次数等。

（3）肉色变化　脂肪在冻藏过程中会发生氧化，主要是由于脂肪中不饱和脂肪酸氧化酸败导致颜色变黄。在冻藏过程中，肌肉会发生褐变，这是由于含二价铁离子的还原型肌红蛋白和氧合肌红蛋白在空气中氧的作用下，氧化生成了三价铁离子的氧化肌红蛋白（高铁肌红蛋白），呈褐色。

（4）肌肉品质变化　冰结晶升华与成长导致肉的蛋白质易发生氧化、变性，主要表现在驼肉的酸败、风味变坏、脱水、重量损失、汁液流失、变硬、微生物污染和自溶等。关于蛋白质冷冻变性的机理有很多说法，一般都认同的理论有两个：一是结合水的分离学说，即蛋白质中的部分结合水被冻结，破坏其胶体体系，使蛋白质大分子在冰晶的挤压作用下互相靠拢并聚集起来而导致变性，也可称为蛋白质分子的聚集变性。这种冻结变性的主要表现是肌原纤维蛋白中肌球蛋白的变性，其中带有 α-螺旋结构的蛋白质易发生聚集变性。变性后肌球蛋白的溶解性明显下降，ATP 酶活性增加，巯基含量也会降低。当蛋白质溶液冷却到冰点以下时，温度较低部分的水分子开始结晶，而其他部分的未冻结水分子则向冰晶处迁移，引发冰晶生长，最终蛋白质表面功能基团所结合的水分也会被移去，使这些功能基团游离出来相互作用，从而使蛋白质分子间发生聚集。肌肉肌原纤维蛋白中的肌球蛋白及肌动球蛋白中的肌球蛋白部分都具有 α-螺旋结构，在冻藏中易发生聚集变性。二是细胞液的浓缩学说，即冷冻条件下，蛋白质自由水与结合水先后结冰，使蛋白质的立体结构发生变化，同时，还由于细胞内外生成的冰结晶引起肌肉中的水溶液浓度升高，离子强度和 pH 发生变化，最终导致电解质变化而蛋白质变性，这种变性几乎是不可逆的，使蛋白质因盐析作用而变性。

在肉的冷冻过程中，随着结合水的冻结，肌球蛋白的多肽链展开，其未折叠部分暴露出非极性氨基酸，由于邻近蛋白质之间的疏水相互作用，形成氢键、二硫键、离子键等，最终导致蛋白质分子间构象重排、分子内发生聚集，也称为蛋白质多肽链的展开变性。

(5) 肌肉组织学的变化　冻结速度不同会引起冻结过程中形成的冰晶大小和分布不同，进而影响驼肉的汁液流失和质构的不同。缓慢冻结冰晶大、多集中在胞外区，而快速冻结冰晶小且均匀分布在胞外区和胞内区。在冻藏过程中由于冰晶增大而使驼肉纤维蛋白质脱水变性，电镜结果显示肌纤维出现明显的裂缝、空隙，粗细丝排列紊乱、松散，肌节、A 带、I 带及横纹模糊甚至消失，Z 线扭曲、断裂，严重时溶解消失，肌浆网体变形、破坏直至消失，肌原纤维中产生大量空泡等有规律的变化，冻结后肌钙蛋白 T 消失后肌肉收缩舒张紊乱，因此引起肌肉蛋白热稳定性的降低。

2. 冻藏条件与方法　根据肉类在冻藏期中脂肪、蛋白质、肉汁的损失情况来看，冻藏温度不宜高于－15℃，而应在－18℃以下并应恒定，相对湿度为 95％以上为宜，空气以自然循环为好。我国目前畜肉冷冻室的温度为－20～－18℃。在此温度下，微生物的发育几乎完全停止，肉类表面的水分蒸发量也较小，肉体内部的生物化学变化大大受到抑制，较好地保持了肉类的贮藏性和营养价值，制冷设备的运转费也比较少。为了使冻藏肉类的新鲜度能长期保持，近年来国际上的冷藏库贮藏温度都趋向于－30～－25℃的低温。冻结肉在－20℃以下的环境中贮藏，一年之内不会腐败，完全可以食用，营养价值也没有多大变化。然而与原状相比，主要其外观和味道方面有所下降，表面出现干燥、色泽褐变，内部变得粗糙、液滴渗出，商品价值和食用价值都有所降低。这说明－20℃左右的贮藏温度，对防止肉的内部质地变差、表面恶化而引起的商品价值下降是不够的。因此，贮藏温度趋向于－30℃以下且冻藏温度波动控制在±2℃以内的低温中。

总之，冻结肉的冷冻室空气温度越低，则冻结肉的质量越好。但是冻结肉类还必须考虑经济性，即肉冻到什么温度最经济，在什么温度下冻藏最合理。考虑到冻藏温度、肉类质量保证以及贮藏时间三个因素之间的关系，冷冻到－20～－18℃对大部分肉类来讲是经济的温度。在此温度条件下，肉类可以冻藏半年到一年，可保持其商品价值。肉类进入冻藏库时，肉体温度最少要下降到－18℃后进冻藏库才是最经济的，也是最理想的，肉类质量的变化也较小。

不同动物肉的冻藏条件和贮藏期限如表 5-7 所示。冻藏期限决定于贮藏温度、湿度、肉的种类、肥瘦度等因素，主要是温度，温度越低贮藏期限越长。

表 5-7　不同动物肉的冻藏条件和贮藏期限

肉类别	冻结点（℃）	温度（℃）	湿度（％）	冷藏期限（月）
牛肉	－1.7	－23～－18	90～95	9～12
猪肉	－1.7	－23～－18	90～95	7～10
羊肉	－1.7	－23～－18	90～95	8～11

（续）

肉类别	冻结点（℃）	温度（℃）	湿度（%）	冷藏期限（月）
驼肉	－1.7	－23～－18	90～95	10～12
兔肉	－1.7	－23～－18	90～95	6～8

肉的分割包装冻藏是近年来主要发展的冷冻贮藏方式之一，其优点是减少干耗、防止污染、提高冷库的冷藏能力、延长贮藏期限及便于运输等。我国分割包装冻驼肉，分里脊、外脊、眼肉、上脑、辣椒条、胸肉、臀肉、米龙、膝圆、大黄瓜条、小黄瓜条、腹肉、腱子肉十三种。分割后剔骨，去掉小血管，保持肉的完整性。先将修整好的肉放在平盘上送入冷却间进行冷却，0～4℃预冷 24h，使肉温不高于 4℃；然后使用纸箱或聚乙烯塑料包装，包装好后送入－25～－18℃的冷冻间冷冻 70h，使肉温达到－15℃以下；最后送冷冻库冻藏，库温－23～－18℃，相对湿度 95%～98%，空气自然循环。

三、驼肉解冻

驼肉解冻是冻结时肉中形成的冰结晶还原融化成水，所以可视为冻结的逆过程。解冻时冻结驼肉处在温度比它高的介质中，冻结驼肉表层的冰晶首先解冻成水，随着解冻的进行，融化部分逐渐向内部延伸。由于水的导热系数为 2.09kJ/(m^2・h・℃)，冰的导热系数为 8.37kJ/(m^2・h・℃)，因此解冻速度随着解冻的进行而逐渐下降，解冻所需时间比冻结长。

1. 空气解冻法　空气解冻又称自然解冻，是一种最简单的解冻方法。将冻驼肉移放在解冻间，靠空气介质与冻驼肉进行热交换来实现解冻。一般在 0～4℃空气中解冻称缓慢解冻，在 15～20℃空气中解冻称快速解冻。驼肉放入解冻室后，温度先控制在 0℃，以保持驼肉解冻的一致性，装满后再升温到 15～20℃，相对湿度 70%～80%，经 20～30h 即解冻完毕。如果采用蒸汽空气混合介质解冻，则比单纯空气解冻的时间要短得多。

2. 水浸或喷洒解冻法　采用 4～20℃的清水对冻结驼肉进行浸泡和喷洒，半胴体肉在水中解冻比空气解冻要快 7～8 倍。另外水中浸泡解冻，肉汁损失少，解冻后的驼肉表面呈潮湿状和粉红色，表面吸收水分增加重量达 3%～4%。该法适用于肌肉组织未被破坏的半胴体和四分胴体驼肉的解冻，不适于分割肉。在 10℃水中解冻半胴体需 13～15h，而喷洒解冻时需 20～22h。

3. 微波解冻法　微波解冻的原理是冻结驼肉在微波场的作用下，极性分子以每秒钟 915MHz 的交变振动摩擦而产生热量，从而达到解冻的目的。微波解冻应用于冻结驼肉的解冻工艺可分为调温和融化两种。调温一般是指将冻结驼肉从较低温度调到正好略低于水的冰点，即－4～－2℃，这时的肉块尚处于坚硬状态，更易于切片或进行其他加工。融化是指将冻结驼肉进行微波快速解冻，原料肉只需放在输送带上，直接用微波照射。

利用微波解冻，最大的优点是速度快、效率高，从冻藏库中取出的冻结驼肉25～50kg（－18～－12℃），采用传统的解冻方法解冻要用5h，而利用微波处理，一块厚20cm、重50kg的冻结驼肉块可在2min内将温度从－15℃升高到－4℃。所以，微波工艺技术为肉品工业带来了极大的方便和经济利益。此外，微波解冻还可以防止由于传统方法在长时间解冻过程中造成的表层污染与败坏，提高了场地与设备的利用率，肉品营养物质的损失也降低到最低程度。因此，冻结肉的微波解冻技术普及得相当快。这方面最成功的是日本肉食加工协会，他们采用915MHz微波发生器和解冻容器组合起来的微波解冻设备，取得了理想的效果。

微波解冻也存在一些缺点，如因为微波对水和冰的穿透和吸收能力有差别，微波在冰中的穿透深度比水大，但水吸收微波的速度比冰快。此外，对于受热而言，吸收的影响大于穿透的影响，因此已融化的区域吸收的能量多，容易在已融化区域造成过热效应。

第四节　驼肉保鲜技术

一、真空包装技术

真空包装是指将肉品装入气密性包装容器，抽去容器内部的空气，使密封后的容器内达到预定真空度的一种包装方法。驼肉经过真空包装后能保持包装袋内缺氧环境，抑制许多腐败性微生物的生长，减缓了蛋白质的降解腐败和脂肪的氧化酸败，同时还可减少肉的失水，保持外观整洁，从而延长肉制品的保质期。

驼肉真空包装材料要求能阻隔气体、水分、气味、光线，有可防撕裂和封口破损的性能。

虽然真空包装能延长驼肉的贮存期，但也有缺点，主要有：①颜色。鲜肉经过真空包装，氧分压低，这时鲜肉表面肌红蛋白无法与氧气发生反应生成氧合肌红蛋白，而被氧化为高铁肌红蛋白，易被消费者误认为非新鲜肉。这个问题可以通过双层包装解决，即内层为一层透气性好的薄膜，然后用真空包装袋包装，但这会缩短产品保质期。②抑菌方面。真空包装虽能抑制大部分需氧菌的生长，但仍无法抑制好氧型假单胞菌的生长，但在低温下，假单胞菌会逐渐被乳酸菌所取代。真空包装也不能阻止由厌氧菌繁殖和酶反应引起的肉品变质和变色。因此，有时需要结合其他辅助性方法，如冷藏、高温杀菌、腌制等。③血水及失重问题。真空包装易造成产品变形以及血水增加，有明显的失重现象。实际上血水渗出是不可避免的，分割的鲜肉，只要经过一段时间，就会自然渗出血水。近几年，欧美超市研究用吸水垫吸掉血水，这种吸水垫是特殊材料制造的，它能间接吸收肉品水分，并只吸收自然释出的血水，血水可被固定在吸水垫内，不再回渗，且易于与肉品分离，不会留下纸屑或纤维类的残留物。

二、生物可降解膜包装技术

（一）生物可降解膜对驼肉菌落总数的影响

不同包装驼肉在贮藏期间菌落总数的变化见图 5-4。

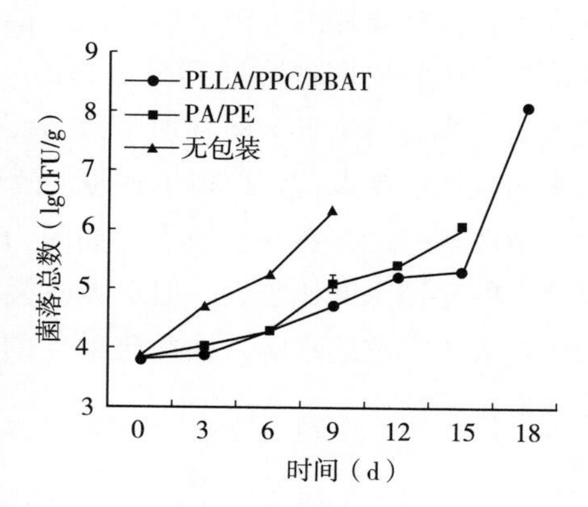

图 5-4　冷鲜驼肉的菌落总数

菌落总数是反映冷鲜驼肉新鲜度的重要指标，腐败菌在冷鲜肉类加工运输过程中都会造成一定的经济损失。由图 5-4 可知，PLLA/PPC/PBAT、PA/PE、无包装的冷鲜驼肉货架期可达到 18d、15d、9d。在 2～4℃条件下贮藏，PLLA/PPC/PBAT 生物可降解薄膜包装的驼肉细菌总数变化比较缓慢，第 15 天时，其细菌总数为 5.30 lgCFU/g，第 18 天达到 8.13 lgCFU/g；PA/PE 薄膜包装冷鲜肉菌落总数 15d 达到 6.02 lgCFU/g，无包装的 9d 达到 6.32 lgCFU/g。这说明 PLLA/PPC/PBAT 生物可降解薄膜能有效地阻止包装材料外氧气的进入，具有较好的抑菌作用，防止微生物的生长繁殖。这与李升升等报道的中阻隔和高阻隔包装材料显著抑制包装袋中微生物的生长的研究结果相一致。此外，由于冷鲜驼肉样品的初始菌落总数均接近 4 lgCFU/g，导致了生物可降解包装材料对微生物的抑制作用不显著，如果日后可以严格控制屠宰过程中的卫生条件、运输和包装过程中的污染，则可大大降低微生物污染的初始值，从而更直观明显地看到 PLLA/PPC/PBAT 生物可降解薄膜对冷鲜驼肉的保鲜效果。

（二）生物可降解膜对驼肉挥发性盐基氮的影响

不同包装驼肉在贮藏期间挥发性盐基氮（TVB-N）的变化见图 5-5。

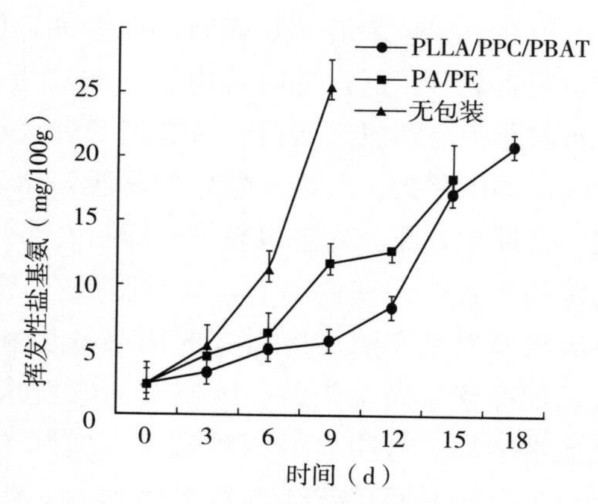

图 5-5　冷鲜驼肉的挥发性盐基氮

由图 5-5 可知，冷鲜骆驼肉样的挥发性盐基氮初始值为 2.32mg/100g。随着贮藏时间的变化，TVB-N 值均呈上升趋势，这可能由于酶和细菌的分解作用，将蛋白质很快分解成带有挥发性物质的氨以及胺类等碱性含氮物质，但 PA/PE 组、无包装组的曲线斜率明显大于 PLLA/PPC/PBAT 生物可降解薄膜组。随着腐败的加深，氨基酸不断被破坏，特别是蛋氨酸和酪氨酸，继而产生带有异味的含硫化合物和胺类含氮物质等使 TVB-N 值变大。无包装肉样在第 9 天时挥发性盐基氮含量就已达到 25mg/100g，然而采用 PLLA/PPC/PBAT 生物可降解薄膜包装的肉样第18天时挥发性盐基氮含量才达到20.2mg/100g，PA/PE包装的肉样第15天到达18.2mg/100g，接近腐败变质。结果说明PLLA/PPC/PBAT生物可降解薄膜阻隔性能较好，能较好阻隔氧气的进入，从而缓解酶和细菌对蛋白质的分解。由于PA/PE薄膜包装组菌落总数在第15天时已超标，因此所有测试指标都停在了第15天。

（三）生物可降解膜对驼肉硫代巴比妥酸的影响

不同包装驼肉在贮藏期间硫代巴比妥酸的变化见图5-6。

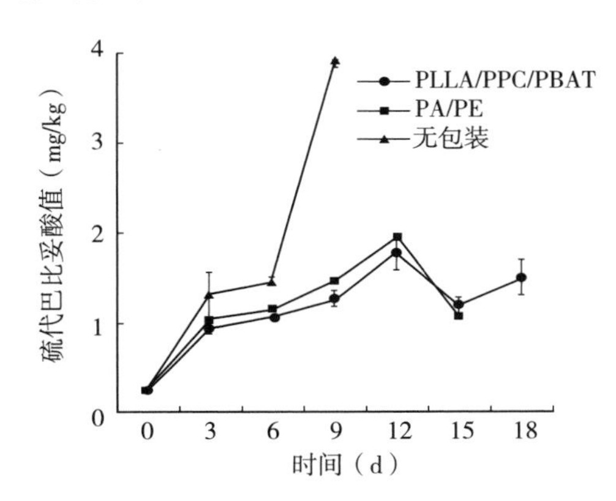

图5-6　冷鲜驼肉的硫代巴比妥酸

硫代巴比妥酸法指的是肉类中不饱和脂肪酸的氧化产物醛类，与硫代巴比妥酸可生成有色化合物，后经2个波长处测定有色物的吸光度值，由此来衡量肉类的新鲜程度。由图5-6可知，随着贮藏时间的变化，硫代巴比妥酸值整体均呈上升趋势，主要由于肉样脂肪中含有大量的不饱和脂肪酸，在氧化分解时产生一系列的衍生物如丙二醛，可与硫代巴比妥酸反应生成红色化合物。骆驼肉样的硫代巴比妥酸初始值为0.234mg/kg，随后可能由于细菌的酸败引起脂质氧化，在0～12d的贮藏期间，PLLA/PPC/PBAT生物可降解薄膜包装的驼肉脂肪酸氧化速率缓慢，硫代巴比妥酸值低于PA/PE组及无包装组，说明PLLA/PPC/PBAT可降解生物膜的阻隔性能较好，可明显减缓脂肪酸的氧化速率。在第15天，PLLA/PPC/PBAT组、PA/PE组的硫代巴比妥酸值均有所下降，其下降的原因与过氧化物的降解有关。因此，为满足驼肉生产包装的需求，采用PLLA/PPC/PBAT生物可降解包装材料可有效抑制脂质氧化，延缓驼肉风味的劣变。

（四）生物可降解膜对驼肉pH的影响

不同包装驼肉在贮藏期间pH的变化见图5-7。

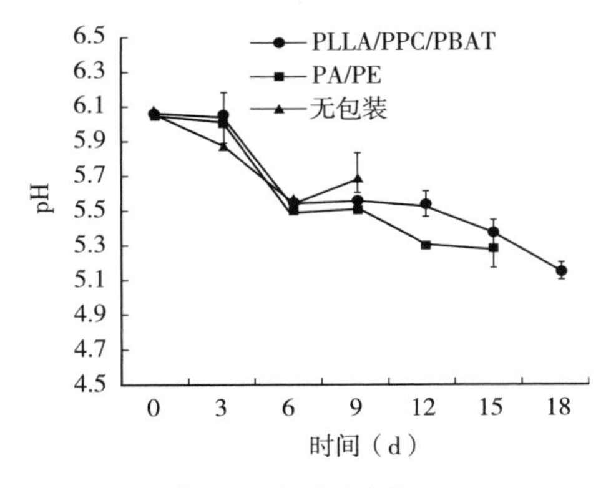

图5-7　冷鲜驼肉的pH

pH是反映骆驼肉新鲜度的重要指标之一。由图5-7可知，骆驼肉样初始的pH为6.05（宰后27h），随着贮藏时间的延长pH均逐渐降低。骆驼肉pH的下降取决于骆驼屠宰时肌肉中的糖原含量，糖原含量低则无氧酵解速率慢。肌肉中贮存的肌糖原在糖酵解酶的作用下被降解成乳酸，使得pH下降。骆驼肌肉内糖原含量高达

3.7kJ/kg，一般动物体内糖原含量为1.5kJ/kg，以致PLLA/PPC/PBAT薄膜在第18天时pH下降到了5.15。PLLA/PPC/PBAT组pH较PA/PE组下降缓慢，说明PLLA/PPC/PBAT组驼肉较PA/PE组新鲜。

（五）生物可降解膜对驼肉系水力的影响

不同包装驼肉在贮藏期间系水力的变化见图5-8。

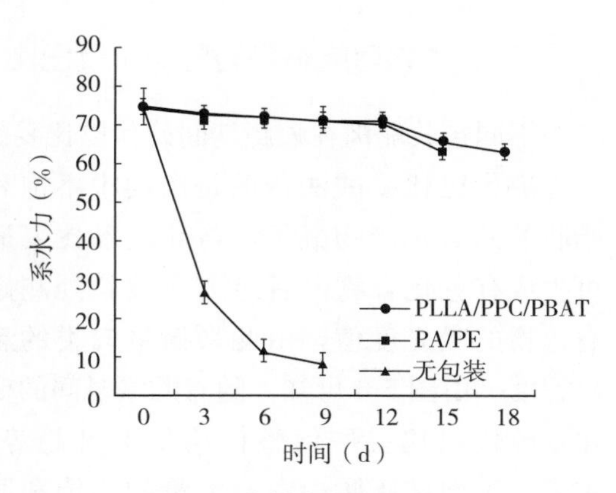

图5-8 冷鲜驼肉的系水力

系水力是衡量驼肉贮藏品质的重要指标之一。肌肉受到外力作用如在加压、冷冻、加热、贮藏和加工等一系列过程中保持内部水分的能力称为肌肉的系水力。系水力高表现为肉样多汁、鲜嫩和表面干爽；系水力低表现为肉样表面水分渗出严重、嫩度差，导致驼肉营养成分流失，肉质下降。如图5-8所示，随着贮藏时间的延长，驼肉的系水力均逐渐降低，这可能是由于糖原酵解，产生乳酸，pH下降，蛋白质发生变性，从而影响驼肉嫩度、多汁性和保水性。PLLA/PPC/PBAT生物可降解膜包装组的系水力高于PA/PE组及无包装组，说明可降解生物膜对驼肉水分的维持能起到一定作用，包装材料阻隔性越好，汁液流失率越低。系水力的研究结果同样证实了可降解生物膜PLLA/PPC/PBAT的保鲜效果优于PA/PE膜。

（六）生物可降解膜对驼肉质构的影响

不同包装驼肉在贮藏期间质构的变化见表5-8。

表5-8 冷鲜驼肉的质构指标

指标	时间（d）	不同包装处理		
		PLLA/PPC/PBAT	PA/PE	无包装
硬度（g）	0	26 816±763	26 816±763	26 816±763
	3	10 412±378	5 974±812	6 562±242
	6	5 571±462	4 195±882	4 587±573
	9	5 161±129	3 669±202	4 636±196
	12	3 903±187	3 692±109	—
	15	3 606±963	2 649±117	—
	20	2 053±67	—	—
弹性	0	0.49±0.09	0.49±0.09	0.49±0.09
	3	0.73±0.01	0.72±0.01	0.77±0.09
	6	0.63±0.01	0.50±0.04	0.27±0.01

（续）

指标	时间（d）	不同包装处理		
		PLLA/PPC/PBAT	PA/PE	无包装
弹性	9	0.49±0.02	0.44±0.03	0.26±0.01
	12	0.48±0.01	0.43±0.01	—
	15	0.44±0.12	0.43±0.00	—
	20	0.42±0.01	—	—
胶黏性	0	11 962±981	11 962±981	11 962±981
	3	3 573±199	3 677±112	3 314±114
	6	1 239±125	2 748±116	3 221±131
	9	1 137±138	1 348±93	1 949±70
	12	1 312±130	1 414±375	—
	15	854±13	983±4.5	—
	20	496±8	—	—
咀嚼性	0	4 420±224	4 420±224	4 420±224
	3	2 172±130	1 630±114	1 146±127
	6	991±96	890±73	955±30
	9	828±31	696±60	179±78
	12	711±15	473±41	—
	15	532±9.8	422±9.8	—
	20	111±11	—	—

随着食品行业的发展，质构得到了科技工作者的充分肯定，它是客观评价食品品质的重要手段。硬度在 TPA 图中是指第一次下压区段内最大力值，反映的是样品在受力时对变形抵抗力的大小。由表 5-8 可知，在 0～20d 的贮藏时间内，随着贮藏时间的延长，驼肉的硬度均呈下降趋势。这可能是由于肉中蛋白质的分解，但 PLLA/PPC/PBAT 生物可降解包装组的硬度下降明显较 PA/PE 组及无包装组缓慢，说明 PLLA/PPC/PBAT 生物可降解包装材料可以抑制微生物的生长，从而延缓了驼肉硬度的下降。弹性指的是样品经过第一次压缩后与第二次开始之间可以恢复的比率。驼肉的弹性随着贮藏时间的延长与初始值相比总体均呈下降趋势，肉的弹性与其含水量密切相关。驼肉在贮藏过程中不断地失水，导致肉的弹性下降。肉的弹性也与肌纤维种类及含量有关，随着贮藏时间的延长，驼肉中的蛋白质被微生物分解，使肌纤维断裂导致弹性下降。PLLA/PPC/PBAT 生物可降解包装组驼肉弹性整体下降速度较 PA/PE 组、无包装组缓慢，说明 PLLA/PPC/PBAT 生物可降解包装组包装材料的阻隔性较好，有利于驼肉维持较高的弹性。胶黏性指的是样品经过加压变形之后，探头克服测试样品的黏着作用所消耗的能量。胶黏性与咀嚼性呈负相关，咀嚼性越高，胶黏性越低。各组肉样的胶黏性值均呈下降趋势，PA/PE 组的胶黏性始终高于 PLLA/PPC/PBAT 生物可降解包装组，说明 PA/PE 组的腐败速率快于 PLLA/PPC/PBAT 生物可降解包装组，

其表面微生物大量繁殖，产生黏液状物质，导致其胶黏性提高。咀嚼性指的是样品对咀嚼发生时的持续抵抗。随着贮藏时间的延长，PLLA/PPC/PBAT 生物可降解包装组、PA/PE 组、无包装组咀嚼性均呈下降趋势，这是由于驼肉的系水力不断下降，使肌肉处于松弛的状态，且 PLLA/PPC/PBAT 生物可降解组的下降速度较其他两组缓慢，这与冷鲜驼肉样品的硬度的变化趋势一致，说明可降解生物膜隔氧性较好，有利于驼肉咀嚼性的保持。总之，驼肉的各项质构指标均随着贮藏时间的延长而呈现下降趋势，PLLA/PPC/PBAT 生物可降解包装组的质构指标下降速率较其他两组缓慢，说明可降解生物膜可以延缓驼肉的腐败变质速率，减缓其各项质构指标的劣变，为驼肉能较长时间保持良好品质提供基础。

（七）生物可降解膜对驼肉剪切力的影响

不同包装驼肉在贮藏期间剪切力的变化见图 5-9。

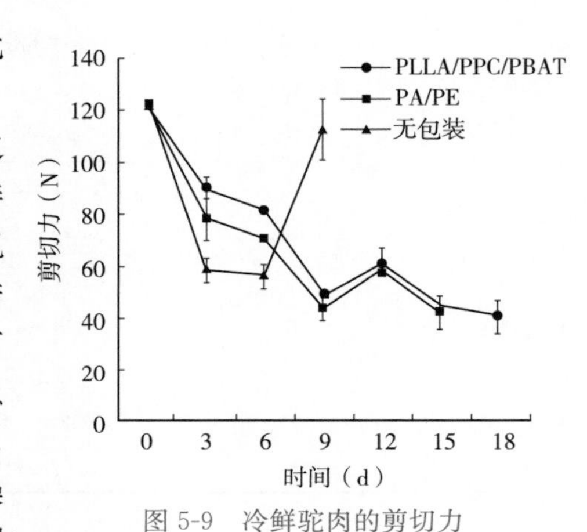

图 5-9　冷鲜驼肉的剪切力

剪切力是衡量骆驼肉嫩度的重要指标之一，嫩度可以很好地反映驼肉品质。阿拉善双峰骆驼因长期生存在荒漠地区，导致其肌纤维较粗，嫩度较差。由图 5-9 可知，随着贮藏时间的延长，驼肉的剪切力总体均呈下降趋势，无包装组驼肉在第 9 天的剪切力急剧上升，可能是由于随着贮藏时间的延长，无包装下驼肉水分散失较快，驼肉表面干燥且皱缩，从而导致无包装样品的剪切力急剧增大，这与质构指标中硬度的变化相一致。剪切力的下降可能与微生物大量繁殖导致驼肉肌纤维断裂有关。PLLA/PPC/PBAT 生物可降解包装组的剪切力明显高于 PA/PE 组，说明可降解生物膜能更好地保持驼肉的肉质，降低驼肉的腐败变质速度。剪切力的变化与质构各项指标均呈现出了一致的相关性。

（八）生物可降解膜对驼肉颜色的影响

不同包装驼肉在贮藏期间色差的变化见图 5-10。

L^* 值越大，色泽越白。由图 5-10 可知，随着贮藏时间的变化，由于系水力下降、蛋白质发生变性，肌肉内部水分渗出，使肉样表面水分增加，从而使亮度增加。PA/PE 组肉样表面水分渗出较多，其 L^* 值高于 PLLA/PPC/PBAT 生物可降解包装组；无包装组因裸露在空气中，表面干褶亮度很低，L^* 值无法与包装组比较。红度 a^* 值也是评价驼肉腐败变质的一个重要指标。随着贮藏时间的增加，a^* 值整体呈现上升趋势，肉样的颜色与其氧化程度成正比，随着氧化程度的加深，肌红蛋白的 Fe^{2+} 被氧化为 Fe^{3+}，使得驼肉样颜色由鲜红色变为红褐色，a^* 值变大。PLLA/PPC/PBAT 生物可降解包装组的 a^* 值与贮藏初期相比变化不明显，而 PA/PE 组、无包装组较初期的 a^* 值变化明显，说明 PLLA/PPC/PBAT 生物可降解薄膜能有效减缓肉样的氧化速率，使冷鲜肉样在较长时间内维持良好的色泽。

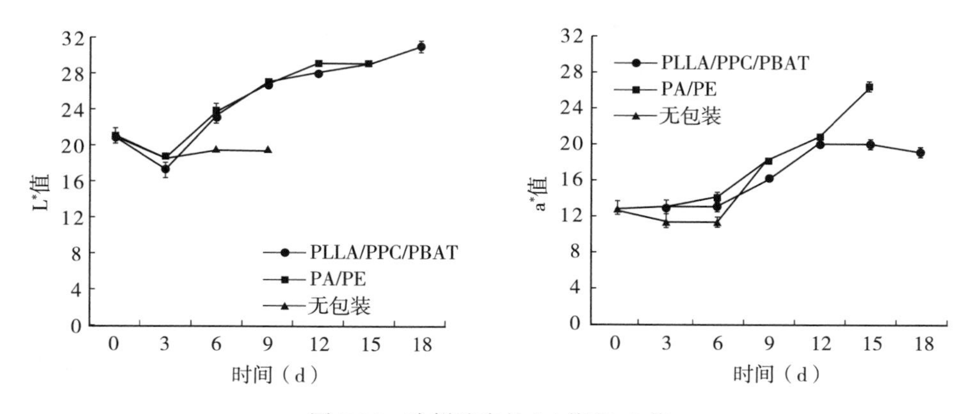

图 5-10　冷鲜驼肉的 L* 值和 a* 值

注：L*，亮度，L* 值=100，白；L* 值=0，暗；a*，红度。

三、气调包装技术

气调包装是指在密封性能好的材料中装进食品，然后注入特殊的气体或气体混合物，再进行密封，改善包装内的环境成分，抑制微生物生长，钝化酶活性，达到保鲜防腐、延长货架期的目的。气调包装并不会比真空包装的货架期长，但会减少产品受压和血水渗出，并能使产品保持良好色泽。

（一）气调包装中使用的气体及比例

气调包装所用气体主要为 O_2、N_2、CO_2。正常大气中的空气是这几种气体的混合物，但气调包装内部气体成分要进行控制，以调整鲜肉周围的气体成分，使其与正常的空气组成成分不同，以达到延长产品保存期的目的。

气调包装是延长各类食品（包括冷却肉）货架期的最常用、最有效的方法之一。气调包装形式对鲜驼肉的保鲜效果主要取决于原料肉的初始菌数、CO_2 浓度、包装袋内有无 O_2 存在、包装材料的通透性、贮存温度及气体成分等。它通过引起细菌合成酶和酶反应速率的改变以及影响羧化反应与脱氨反应来起到抑制微生物的作用。在充气包装中，CO_2 具有良好的抑菌作用，O_2 为保持肉品鲜红色所必需，而 N_2 则主要起到调节及缓冲作用。如何能使各种气体比例适合，使肉品保藏期长，且各方面均能达到良好状态，则必须予以探讨。

（二）气调包装的注意事项

1. 鲜驼肉在包装前的处理　要注意在宰杀、排酸、剔骨分割、包装过程的卫生指标，防止被微生物污染。

2. 包装材料的选择 气调包装应选用阻隔性良好的包装材料，以防止包装内气体外逸，同时也要防止大气中 O_2 的渗入，通常选用 PET、PP、PA、PVDC 等作为基材的复合包装薄膜。一般以透气系数衡量塑料薄膜对气体的阻隔性，透气系数愈小，阻隔性愈好。另外，所有的包装材料必须有足够的机械强度，使其能承受抽真空时压力的变化。同时还要求材料有一定挺度，以便包装袋能自动张开充气。

3. 产品储存温度的控制 温度对保鲜效果的影响来自两个方面：一是温度的高低直接影响肉体表面各种微生物的活动；二是包装材料的阻隔性与温度有密切的关系，温度愈高，包装材料的阻隔性愈低。因此，必须实现从产品、储存、运输到销售全过程的温度控制。

4. 自发气调保鲜薄膜材料在驼肉保鲜中的应用

（1）不同包装内驼肉气体组分的变化 据报道，对于肉制品来说，其品质主要由肉中微生物生长、脂肪氧化酸败和肌红蛋白变性这三个因素决定，而这些因素都与肉品所处的气体环境密切相关，而包装内的气体组分与包装薄膜的透气性有直接的联系。他们通过改性聚乳酸薄膜对阿拉善双峰驼肉进行自发气调保鲜试验，即采用 PLLC 和 PBAT 共混薄膜（20μm 和 40μm 两种厚度薄膜）对阿拉善双峰驼肉进行包装，并对其在 4℃保藏过程中的 CO_2 和 O_2 的气调情况及效果进行探讨。阿拉善双峰驼肉不同包装内的气体组分随着贮藏时间的变化情况见图 5-11。从图 5-11A 可以看到，所有包装的 CO_2 在第 1 天的初始浓度均为 0.03%，即空气中的 CO_2 含量。其中，裸露的包装中始终是空气，其 CO_2 浓度不变。在前 3d，40μm 和 20μm 包装内的 CO_2 浓度迅速升高，分别接近 4%和 3%。从第 3 天之后，两种包装内的 CO_2 浓度缓慢下降。整个贮藏期间，40μm 包装比 20μm 包装的 CO_2 浓度高。由图 5-11B 可知，所有包装的 O_2 在第1 天的初始浓度均为 20.9%，即空气中的 O_2 含量。裸露的包装中始终是空气，其 O_2 浓度不变。40μm 和 20μm 包装内的 O_2 浓度在前 3d 迅速降低到 14.5%左右。3d 之后，40μm 包装内的 O_2 浓度缓慢下降，而 20μm 包装内的 O_2 浓度维持在一定水平。整个贮藏期间，40μm 包装比 20μm 包装的 O_2 浓度低。由图 5-11C 可知，所有包装在第 1 天的 CO_2/O_2 值均接近于 0，其中裸露包装的 CO_2/O_2 值自始至终不变。前 3d，40μm 和 20μm 包装内的 CO_2/O_2 值都迅速升高。之后的第 3～20 天，40μm 包装的 CO_2/O_2 值基本保持稳定，而 20μm 包装的 CO_2/O_2 值先下降了一定幅度，后在第 6～24 天保持稳定。

一方面，由于驼肉中的蛋白质、脂肪等氧化反应会消耗 O_2 和驼肉中的好氧微生物的呼吸作用也需要消耗 O_2、产生 CO_2，因此导致包装内的 O_2 浓度下降，CO_2 浓度上升。另一方面，PLLA/PBAT 薄膜对 O_2 和 CO_2 有一定的通透性，允许包装内多余的 CO_2 向外界逸散，也允许外界丰富的 O_2 向包装内补充。两方面同时作用，可以使包装内的 O_2 和 CO_2 浓度达到动态平衡。20μm 薄膜对 O_2 和 CO_2 的通透性比 40μm 薄膜好，其 CO_2 的逃逸速度和 O_2 的补充速度相对较快，即包装内外气体交换较快。因此，当气体达到平衡时，20μm 包装内的 CO_2 浓度较低，O_2 浓度较高。一定浓度的 CO_2 可以抑制微生物的有氧呼吸，而较高浓度的 O_2 可以保持骆驼肉新鲜的红色。

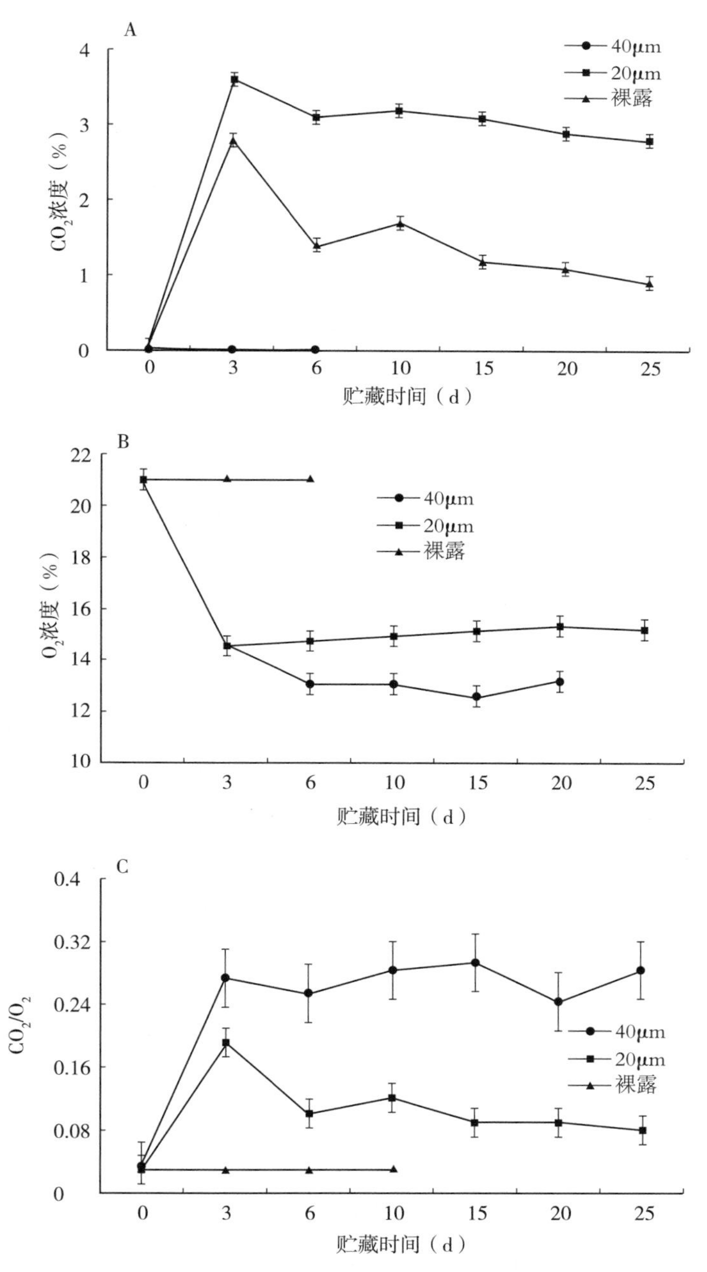

图 5-11　不同包装内驼肉的气体组分在贮藏期间的变化情况

A. CO_2 浓度　B. O_2 浓度　C. CO_2 浓度与 O_2 浓度比值

（2）不同包装内驼肉细菌菌落总数（TVC）的变化　细菌菌落总数可以直接反映肉类的新鲜度。不同包装内骆驼肉菌落总数随着贮藏时间的变化情况见图 5-12。

由图 5-12 可知，肉样中 TVC 含量在第 1 天的初始值为 2.57CFU/g，说明骆驼肉的卫生状况良好。裸露在空气中的肉样在第 3 天就失去了一级鲜度，第 6 天已经变质了。40μm 和 20μm 包装的肉样在前 3d 保持了一级鲜度，其中 40μm 包装的肉样在第

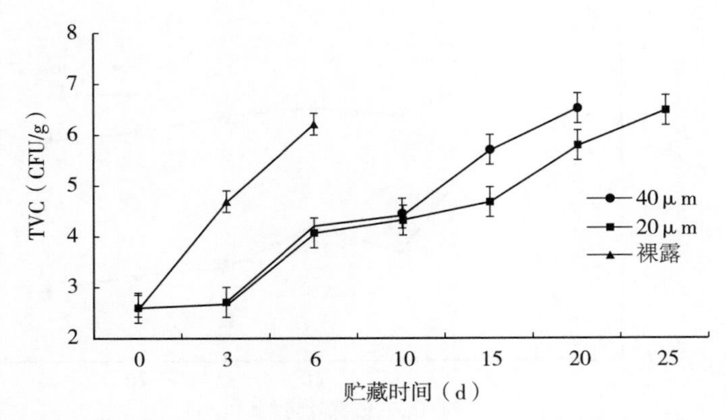

图 5-12 不同包装内驼肉的细菌菌落总数在贮藏期间的变化情况

6～15天保持二级鲜度，20μm包装的肉样在第6～20天保持二级鲜度。因此，从菌落总数的角度分析，20μm包装的保鲜效果最好，可以使骆驼肉的保质期延长到20d以上。贮藏期间20μm包装的肉样的TVC含量增长速度比40μm包装慢。这可能是因为骆驼肉表面的好氧菌初始数量较少，厌氧菌相对较多，TVC的含量上升主要是厌氧菌大量繁殖导致的。20μm包装内的O_2含量较高，厌氧菌的繁殖受到抑制，因此TVC含量上升较慢。

（3）不同包装内驼肉中挥发性盐基氮（TBV-N）的变化　肉中挥发性盐基氮指的是在贮藏过程中由于肉中酶和细菌的作用，蛋白质分解产生的氨和胺类等碱性含氮物质，其含量越多，说明肉腐败得越严重。不同包装内骆驼肉的挥发性盐基氮随着贮藏时间的变化情况见图5-13。由图5-13可知，肉样的TVB-N含量在第1天的初始值为4.15mg/100g。裸露在空气中的肉样中TVB-N含量在第3天就超过了一级鲜度标准，第6天超过了20mg/100g。40μm包装的肉样TVB-N含量在前6d处于一级鲜度，在第6～15天处于二级鲜度，在第15天后很快腐败。20μm包装的肉样中TVB-N含量在前10d一直处于一级鲜度，在第10～20天保持二级鲜度，这与由TVC含量得到的鲜度结果相吻合。在贮藏时间，20μm包装内的肉样TVB-N含量增加较慢，这可能是由于蛋白质的腐败作用是以无氧分解为主的厌氧细菌代谢所致，而20μm包装内肉样的厌氧菌受到高浓度O_2的抑制，因此蛋白质分解速度较慢。

（4）不同包装内驼肉色泽的变化　肉的色泽主要是由包装内的氧气含量决定的。包装内O_2分压高时，肌红蛋白形成鲜红色的氧合肌红蛋白，O_2分压低时肌红蛋白形成褐色的高铁肌红蛋白。图5-14是不同包装驼肉的色泽a^*随着贮藏时间的变化情况。

由图5-14可知，肉样的a^*初始值为17.6。随着贮藏时间延长，裸露的肉样的a^*值迅速降低到8.5左右。40μm包装的肉样的a^*值在前10d下降幅度较大，之后便稳定在11以上。20μm包装的肉样的a^*值下降较缓慢，并且从第10～25天一直保持在15左右，最接近初始红度值。由于20μm包装内O_2含量（14.8%～15.7%）比40μm包装内O_2含量（12.4%～13.3%）高，其肉样中的肌红蛋白更倾向于生成氧合肌红蛋白，因此，红度较高。

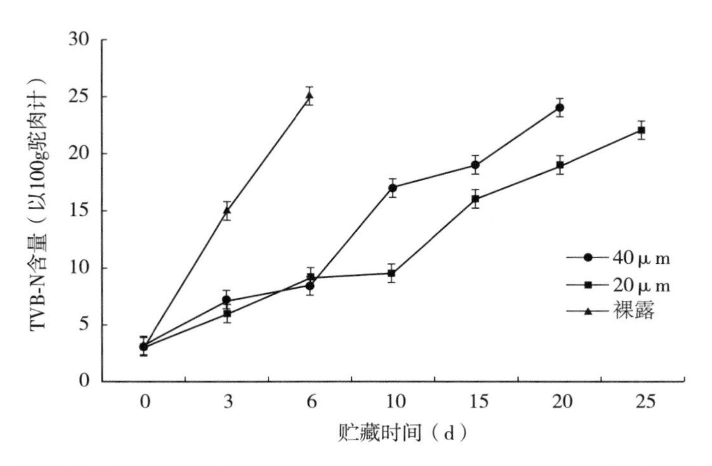

图 5-13　不同包装内驼肉的挥发性盐基氮在贮藏期间的变化情况

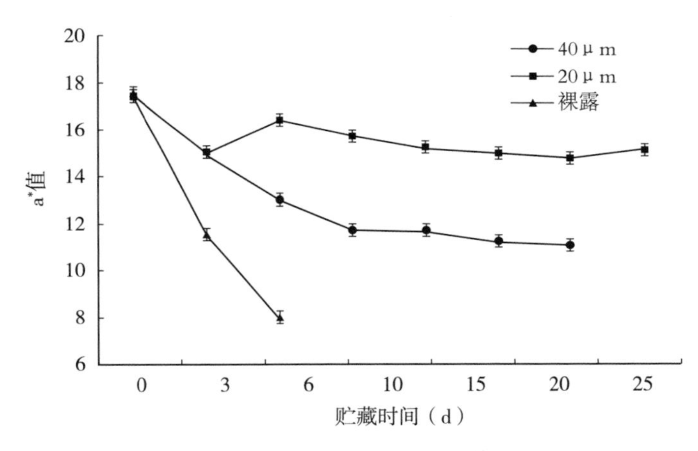

图 5-14　不同包装内驼肉的色泽 a^* 值的变化情况

四、辐射保鲜技术

（一）辐射保藏驼肉的意义

驼肉辐射保藏是利用原子能射线的辐射能量照射驼肉或驼肉制品，进行杀菌处理，抑制微生物繁殖，以达到延长其保藏期的方法和技术。

与传统方法比较，辐射保藏肉类具有许多优点：

（1）射线处理无需提高肉类温度，照射过程中肉类温度的升高微乎其微。因此，处理适当的驼肉在感官性状、质地和色、香、味方面的变化甚微。

（2）射线的穿透力强，可杀灭深藏于肉中的微生物，起到化学药品和其他处理方法所不能起的作用。

（3）应用范围广，从大块的驼肉到小包装驼肉和肉馅都适用且可在照射前进行包装和烹调，照射后的制作更加简化和方便，为消费者节省了时间。

（4）照射处理驼肉不会留下任何残留物，这同农药熏蒸和化学处理相比是一个突出的优点，可减少因环境中化学药剂残留而造成的严重公害。

（5）辐射装置加工效率高，整个工序可连续作用，易于自动化。

（二）辐射在驼肉品保藏中的应用

1. 应用于食品上的辐射类型

（1）辐射阿氏杀菌　也称照射灭菌，能够完全杀灭肉毒梭状芽孢杆菌，几乎达到完全灭菌的目的，密封容器包装的食品如罐头可在常温下贮藏，使用剂量为10～50kGy。

（2）辐射巴氏杀菌　也称辐射消毒，所使用的辐射剂量使在食品中检测不出特定的无芽孢的致病菌（如沙门氏菌等），剂量范围为5～10kGy。

（3）辐射耐贮杀菌　也称照射防腐，这种辐射处理只降低其腐败菌数并延长新鲜食品的后熟期及保藏期，可用于对霉菌、酵母及非病原菌的抑菌处理，与低温保藏并用来提高贮藏效果。使用剂量在5kGy以下。

2. 在肉制品中的应用

（1）控制旋毛虫　旋毛虫在家畜肌肉中，防治比较困难。其幼虫对射线比较敏感，用0.1kGy的γ射线辐照，就能使其丧失生殖能力。因而将肉制品加工过程中通过射线源的辐照场，使其接受0.1kGy的γ射线辐照，就能达到消灭旋毛虫的目的。在肉制品加工过程中，也可以用辐照方法来杀灭调味品和香料中的害虫。

（2）延长货架期　畜肉经^{60}Coγ射线8kGy照射，细菌总数从20 000个/g下降到100个/g，在20℃恒温下可保存20d，30℃时室内也能保存7d，对其色、香、味和组织状态均无影响。

（3）灭菌保藏　新鲜驼肉经真空封装，用^{60}Coγ射线15kGy进行灭菌处理，可以全部杀死大肠杆菌、沙门氏菌和志贺氏菌，仅个别芽孢杆菌残存下来，这样的鲜肉在常温下可保存两个月。用26kGy的剂量照射，则灭菌较彻底，能够使鲜肉保存一年以上。香肠经^{60}Coγ射线8kCy辐照，杀灭其中大量细菌，能够在室温下保存一年。由于辐照香肠采用了真空封装，在贮藏过程中也就防止了香肠的氧化褪色和脂肪的氧化腐败。

肉品经大剂量辐照会产生异味及肉色变淡，有的试验指出1kGy照射鲜驼肉即产生异味，30kGy异味增强，主要是含硫氨基酸分解的结果。氨基酸有损失，10%水溶性维生素被破坏，脂溶性维生素损失较少。为了避免造成上述营养素及感官质量的降低，应考虑照射的剂量及配合低温情况下照射和添加抗氧化剂及其他稳定剂。

五、活性包装技术

肉制品在存放过程中，会因为微生物、酶等因素的存在而发生一系列复杂的变化（如蛋白质水解、脂肪氧化等），这种变化会严重降低肉的食用品质和商品价值，长期以来，食品专业人员都在利用各种方法来阻止这种变化的发生，而作为肉食品保藏重要手段的包装技术越来越受到人们的重视。近年来，随着消费者对肉食品安全性、营养性要求的逐步提高，肉食品包装的个性化发展日趋明显，肉食品包装技术和包装材料所起的作用越来越大。

活性包装是指包装不仅是包裹食品，还能起到一定的有益作用，其包装特点是维持产品所具有的生命，而不是单纯地保护其色、香、味。活性包装可称为“维持生命包装”或“保活包装”。

（一）活性包装系统的功能要素

活性包装技术是通过包装材料与包装内部的气体及肉制品之间的相互作用，有效地延长商品的货架期或改善肉制品的安全性和感官性质，并保持肉制品品质的技术。活性包装不仅是产品与外界环境的屏障，而且结合了先进的肉品包装和材料科学技术，可最大程度地保持被包装食品的质量。目前已有的活性包装包括以下功能要素：

1. 控氧系统 向包装内提供氧气或调节氧气浓度，有的还可吸收氧气。为维持生命，氧气是不可或缺的。这种控氧系统也可称为供氧系统，其控氧或供氧原理是在包装中或包装材料中加入能自动产生供氧反应的材料。

2. 二氧化碳控制系统 该系统主要用于生鲜肉制品包装。日本已开发出一种磁土充填的低密度聚乙烯薄膜，具有较高的氧气、二氧化碳及乙烯通过率。法国研制的二氧化碳控制系统则由一个含多孔性化学物质的小包组成，将其粘在包装盘底部，当肉制品中有液体渗出时，小包内物质会释放二氧化碳，从而抑制微生物滋生。有的还要对包装中的二氧化碳进行吸收，减少二氧化碳浓度，以提高其生命的活性。

3. 乙烯吸收系统 该系统对植物活性包装十分重要。因植物体释放出的乙烯气体会促进果蔬等生长及腐败，而乙烯气体又可以被多孔性的无机矿物质如硅石、沸石等所吸收，故将这类材料研磨成粉末，直接混入聚乙烯或聚丙烯材料，经挤出成型，即制成具有吸收乙烯功能的薄膜。

4. 保存剂释放控制系统 该系统实际上是一个包装环境卫生保持系统，通过它可使包装内的细菌等微生物受到抑制。该系统主要通过杀菌剂（酒精等）、抗生素及其他材料所制得，主要有抗生素薄膜等。日本已大量采用酒精剂小包装置于食品包装内。其方法是：在纸与EVA共聚物的积层材料制成的小袋内，装食品级酒精吸附于二氧化硅粉末中。小袋重量0.6～6g，内装有0.5～3g酒精，可蒸发到包装内部空隙。用其包装肉类食品，酒精蒸汽可抑制10种不同霉菌、15种细菌及3种致腐败菌的滋生，使保存期延长5～20倍。

5. 吸水保水系统 该系统主要是在两层聚乙烯醇薄膜中间夹一层丙二醇，再将四周密封，形成一张包装薄膜，用来包装鲜肉、鲜鱼，其水分可被丙二醇吸收，并抑制微生物的繁殖。用这种薄膜包装新鲜蔬菜，不但吸水，而且吸收乙烯气体，利于活鲜物料（海鲜等）的活性包装及生命的延续。

（二）活性包装在驼肉保鲜中的应用

1. 脱氧剂在驼肉保鲜中的应用 肉制品包装中高含氧量会助长微生物的生长繁殖，

使肉产生不良风味、颜色发生变化、营养物质流失，从而降低了肉制品的货架期。为维持易变质食品质量或延长其保存期而使用的真空和充气包装被称为改善气氛包装，其虽能大大降低包装袋中的氧气含量，但这种方法仍会使包装中有2%～3%的氧气残存，肉制品仍然会氧化变味。采用脱氧包装技术，就可使包装内的氧气浓度降低至0.01%，从而更有效地控制肉制品的质量。

典型的脱氧剂是利用化学方法使铁粉氧化或是利用酶来吸收氧气。化学方法是将铁粉盛在一个小袋中，使其被氧化成铁氧化物。这个小袋必须对氧气有高度的渗透性，在某些情况下，小袋对水蒸气的渗透也是有效的。小袋中吸收剂的类型和数量由包装中最初的氧含量、驼肉已溶解氧的量、包装材料的通透性、自然状态（尺寸、性状、重量等）和驼肉的水分活性来决定。这种基于铁氧化的吸收系统可以吸收许多驼肉中的氧气，可以应用在高、低和中湿度的肉品中。它们在冷藏和保鲜的条件下也可应用，甚至可以在微波驼肉制品生产中发挥有效的除氧作用。

2. CO_2 释放体系在驼肉保鲜中的应用 脂肪氧化也是肉制品腐败变质的一个因素，因此控制肉品中氧含量是防腐的方法之一。一般认为，真空包装是防止包装食品中微生物繁殖的有效方法，但真空包装的食品往往难以达到预期的贮存效果，这是由于某些厌氧细菌在贮存温度较高时也会生长繁殖。高浓度的 CO_2 通常对驼肉及制品表面微生物的生长有一定的抑制作用。因为 CO_2 对肉品包装塑料薄膜的穿透性大于 O_2，所以包装内的大部分 CO_2 会穿透膜而流失。对于高度易腐的驼肉制品同时应用 O_2 吸收体系和 CO_2 释放体系可以延长其货架期。

六、抗菌包装技术

抗菌包装技术是指在包装材料中添加一定抗菌剂，使抗菌成分通过接触包装材料表面附着的微生物并通过抑制其生长、繁殖或直接将其杀灭等作用，延长食品货架期的一种活性包装技术。由于采用抗菌技术合成的食品包装能够有效地防止人与人、人与物、物与物之间的细菌交叉传染，同时还具有卫生自洁功能，因此其抗菌长效性可与制品使用寿命同步。

（一）抗菌包装的机理

抗菌包装，就是能杀死或抑制食品在加工、储运和处理过程中存留于肉表面的细菌，延长食品的货架期和安全性的包装。其抗菌机理是将抗菌剂混入一种或几种高聚物包装材料中，从而使其具有抗菌活性，抗菌剂可从包装材料上释放到食品表面。当抗菌剂与细菌体接触时，可渗透到细菌细胞壁，抑制其生长繁殖甚至将其杀灭。

（二）抗菌剂种类

一般可分为无机抗菌剂、有机抗菌剂和天然抗菌剂三大类。目前应用较多的为无机抗菌剂和有机抗菌剂。

（三）抗菌包装在驼肉保鲜中的应用

抗菌包装的效果受到很多因素的影响，如抗菌剂的种类、添加方式、渗透力及挥发性等，另外还有抗菌活性、释放机制、肉品及抗菌剂的化学本质、贮存及销售条件、包装材料的物理化学特性、抗菌剂的感官及毒理性等。抗菌剂对每种微生物具有特定的抗菌活性，因此选择抗菌剂时应依据其对于目标菌的抗菌活性，依据驼肉本身的一些特性如 pH、水分活度、组成成分及贮存温度等来预测其中所含微生物的种类、特性，从而选择最适合的抗菌剂，以达到最佳的抗菌效果。在日本，银沸石已被开发为添加到塑料中最常用的抗菌剂。Ag^+ 在光线或水的催化作用下，使气态氧变成活性氧，该活性氧可破坏微生物的结构，并抑制大部分新陈代谢酶，具有强烈广谱的抗菌活性。将银沸石制成一薄层（3～6μm）加入到与驼肉接触的膜材料的表面，随着水溶液进入到其暴露的孔状结构的空隙则释放出 Ag^+。二氧化氯是一种强有力的易溶于水的氧化剂，将亚氯酸钠混入塑料包装材料中，当与包装层内疏水相物质接触反应产生一种酸而移进亲水相中，将离聚的二氯酸转变为二氧化氯。二氧化氯是一种高活性、广谱抗菌剂，对病原体和形成的芽孢都有抑制作用。其作用浓度很低，反应最终产物氯离子是无毒无害的。二氧化氯作为包装抗菌剂，主要控制超市中盛装新鲜驼肉的托盘底部有水部分的微生物。

七、涂膜保鲜技术

涂膜保鲜是在食品表面人工涂一层可食性薄膜，该薄膜对气体的交换有一定的阻碍作用，因而能减少水分的蒸发，改善食物外观品质，提高商品价值。涂膜还可以作为防腐抑菌剂的载体，从而避免微生物的污染。此外，涂膜保鲜方法简便、成本低廉、材料易得，但目前只能作为短期贮藏方法。

可食性膜是指以天然可食性物质（如多糖、蛋白质等）为原料，添加可食的增塑剂、交联剂等物质，通过不同分子间相互作用而形成的薄膜。通常把预制的独立膜称为薄膜，把涂布、浸渍、喷洒在食品表面而成的薄层称为涂层。可食性包装在食品包装中的应用有着悠久的历史。几十年来，大家熟悉的糖果包装上使用糯米纸及包装冰淇淋的玉米烧烤包装杯都是典型的可食性包装。英国人在 16 世纪使用脂肪涂抹食品来减缓食品的失水，开创了用脂类涂层保鲜食品的先例；19 世纪后期有人提出可使用明胶薄膜来防止肉类和其他食品的腐败；20 世纪 30 年代，热熔石蜡被大量用于涂抹柑橘以减少失水；20 世纪 50 年代初，巴西棕榈蜡油/水乳化剂被用于涂抹新鲜果蔬。在日常生活中，利用动物的小肠制成肠衣加工出来的灌肠食品是可食性膜技术最为广泛、最为成功的范例。在人工合成可食性膜中比较成熟的是 20 世纪 70 年代已工业化生产的普鲁树脂，在水中易溶解，其 5%～10%的水溶液经干燥或热压能制成厚度为 0.01mm 的薄膜，这种薄膜透明、无色、无臭、无毒，具有韧性、高阻油性，能食用，可作为食品包装。

现在，可食性膜已经改变过去由单一成分制成膜，而发展成具有多种功能性质的、由多种生物大分子和脂类制成的多组分复合膜。此种结构的可食性膜具有明显的阻隔性能及一定的选择透过性，因而在肉品工业上也具有广阔的应用前景。随着人们对肉类食品品质和保藏期要求的提高，以及人们环保意识的增强，以天然生物材料制成的可食性膜在食品包装领域正成为研究热点。

（一）可食性膜的分类及其特点

1. 多糖可食性膜 它是以植物多糖或动物多糖为基质的可食性膜，主要有淀粉膜、改性纤维素膜、动物胶膜等。淀粉膜是可食性膜中研究开发最早的产品。近年来，在成膜料与工艺和增塑剂研究应用方面取得了重要进展。淀粉可食性膜是以淀粉（包括变性淀粉）为原料，主要是直链淀粉为基质，多元醇及类脂物质为增塑剂，少量动物胶为增强剂制作而成。它们具有拉伸性、透明度、耐折性、水不溶性良好和透气率低等特点，今后在驼肉及驼肉产品的保鲜方面应用前景较好。

2. 蛋白质类可食性膜 以蛋白质为基质的可食性膜最主要的是大豆分离蛋白膜。大豆分离蛋白（SPI）是一种高纯度大豆蛋白产品，蛋白质含量高达90%，具有较高的生物效价，含有人体必需的八种氨基酸且比例适当，容易被人体消化吸收，并具有许多保健功能，如降低胆固醇含量、益智、健脑等。最早的大豆分离蛋白膜是由美国弗雷德里克研究小组开发成功的，它具有很好的包装特性，如良好的防潮性、很好的弹性和韧性、较高的强度、一定的抗菌能力，对于保持水分、阻止氧气渗入和防止包装食品的氧化等均有较好效果，特别适于油性食品的包装。国内外对大豆分离蛋白膜的应用研究有很多，将大豆分离蛋白膜涂在预烹调的驼肉制品上，能控制脂肪氧化、防止表面水分蒸发，可作为其他食品添加剂的载体。

3. 类脂可食性膜 成膜材料主要有蜂蜡、硬脂酸、软脂酸等，它们具有极性弱和易形成致密分子网状结构的特点，所形成的膜阻水性能极强，但由于单独由脂类形成膜的强度较低，很少单独使用，通常与蛋白质、多糖类组合形成复合薄膜。

4. 复合型可食性膜 以不同配比的多糖、蛋白质、脂肪酸结合在一起，可制成一种复合型可食性膜。由于复合膜中的多糖、蛋白质的种类、含量不同，膜的透明度、机械强度、阻气性、耐水耐湿性表现不同，可以满足不同食品包装的需要。脂肪酸分子越大，保水性越佳。

（二）可食性膜在肉制品加工和保鲜中的应用

目前，国内外常用的肉类保鲜方法很多，其中最前沿的方法之一是肉及肉制品的涂膜保鲜。它是在肉类表面涂抹一层特殊的鲜剂或将肉类浸泡在特殊的保鲜剂中，在肉表面形成一层保护薄膜，以防止外界微生物的侵入，同时可大大减少肉与氧气的接触机会，防止脂类氧化酸败和肉色变暗，从而在一定时期保持肉类的新鲜。

在肉制品加工与保鲜中，胶原蛋白膜是最成功的工业例子。特别是在香肠保鲜中，胶原蛋白膜已大量取代天然肠衣。另外大豆蛋白膜也可用于生产肠衣和水溶性包装袋。实验证明，用胶原蛋白包装肉制品后，可以减少汁液流失、色泽变化以及脂肪氧化，从而提高肉制品的品质。英国推出一项利用海藻酸钠保存食品的新技术，用于保鲜肉类，可使肉类所含的维生素保持完好，其色、香、味和营养成分没有改变。

第五节 驼肉中的微生物及肉品安全

随着经济的发展，肉在人们的日常生活中的比例越来越大，但同时肉品的安全性也凸显出来。近年来，世界各国都出现了一些影响很大的关于肉及肉制品安全的问题。如首先发现于英国并殃及全世界的可能使人患上类似于疯牛病的克雅氏症，在美国和日本等国家发生的以牛肉汉堡为主的大肠杆菌食物中毒，比利时等发生的严重影响养禽业和人体健康的二噁英事件，法国的李斯特菌污染事件，以及目前仍在世界各地流行的口蹄疫和禽流感等，这些事件的发生不但对世界畜牧业造成了重大的经济损失，甚至还严重危害了人们的生命。这些事件的发生归根结底主要是由于致病性细菌、霉菌、毒素等对肉类食品造成的生物性的污染。清楚这些微生物污染源并且采取有效的预防与解决方法，对排除肉制品安全隐患具有重大意义。

一、原料肉中的微生物来源

（一）骆驼本身的污染隐患

新鲜驼肉中存在有各种酶，有机体内各种酶类的颉颃作用消失。酵解酶和分解酶开始发挥作用，将有机体迅速分解，肌浆大量释放。此时肉的组织结构较疏松，表面积大大增加，其间有大量的肌间结缔组织，极有利于细菌的繁殖和蔓延。

（二）屠宰加工过程中的污染

1. 屠宰环境的污染 骆驼屠宰加工及冷却肉加工厂的用水一般为自来水，国际水质标准规定自来水细菌总数不得超过 100CFU/mL。在屠宰过程中，无论是胴体的清洗，还是加工设备、容器等的清洗和车间墙壁地面的保洁都需大量的水，水中含有的微生物种类和数量与冷却肉的污染有密切关系。另外，泥土中的微生物也会造成冷却肉的污染，1g 表层泥土含有 10^7～10^9CFU 的细菌，一般病原菌在土壤中不会繁殖，但可以生存一段时间，土壤中本身还存在一些能够长期生活的厌氧病原菌。一般室内空气含菌量为 10^2～10^4CFU/cm^3，特别是耐干旱的革兰氏阳性菌最常见，空气含尘埃越多，含菌量越多，高的可达 10^6CFU/cm^3 以上，肉品暴露在空气中，污染难以避免。

在卫生状况良好的条件下屠宰骆驼，驼肉表面的初始菌数一般为 10^2～10^4CFU/cm^2，其中 1%～10%能在低温下生长。它们大多数来自骆驼粪便和表皮，少部分来自土、水和植物。初期肉表面的微生物只有通过循环系统或淋巴系统才能穿过肌肉组织进入肌肉深处，而淋巴系统对细菌起过滤作用，当细菌数量较少时，淋巴细胞能将其吞噬和消化。当肉表面的微生物数量增多，出现局部性腐败或肌肉组织局部受到破坏时，表面的微生物便可直接进入肌肉内部组织，造成肉品的生物性污染。骆驼肠道中存在着正常菌群，一定数量的微生物随着食物、水等进入消化道，在骆驼健康状态下不会进入驼体循环系统。因此，除非去除内脏时不小心刺破肠道，屠宰后没有很快摘除内脏，或是在宰杀前饱食，一般来说体内是不会被肠道中所带细菌污染的。

冷却肉暴露于空气的面积越大，与用具接触机会越多，就越容易造成交叉污染。因此，在分割间进行冷却肉分割时，要严格控制环境温度和操作时间。冷却室中的空气含有许多细菌、霉菌和酵母菌，冷却室的温度保持得越低越好，通常在10℃以下，这样可以迅速和彻底地将驼肉的最厚部分冷却，从而抑制微生物的生长。

2. 人为因素的污染 骆驼在屠宰分割过程中，屠宰工具、工作台、人员及一些与胴体和分割肉直接接触的设备会对胴体产生交叉污染。在刺杀放血和剥皮时，微生物首先从下刀处进入组织，细菌数量最多的在开始剥皮处，而最少的是距离下刀处较远，平均总菌落数为10^4～10^5CFU/cm^2。环境潮湿，工作者的手、臂和衣服上沾有血和碎组织，使骆驼躯体又再次被污染。在一天作业完毕后，从工作者的衣服上刮下来的标本检出细菌数为3×10^6CFU/cm^2。

3. 后期分割等环节的污染 新鲜驼肉在经过细分割后肉品的污染状况较为严重，并且随着分割度越高，微生物污染也就越严重。如市场上有很多新鲜驼肉采用绞碎成驼肉馅出售的，被绞碎后，肉的暴露面增大，受细菌污染的机会增多，特别是需氧菌易于生长，因此绞碎的肉更易腐败。碎肉的细菌总数要比较为完整的肉高上10～100倍。在超市中用于分割的刀具和案板的微生物污染也较为严重，存在着显著的危害。

二、原料肉中的微生物种类、危害及控制

（一）细菌

1. 主要腐败性细菌 引起肉类腐败的细菌很多，但主要包括假单胞杆菌属、气单胞菌属、肠杆菌属等。

（1）假单胞杆菌属 在所有的冷库中一般都有该菌的生长，但只有很少一部分能够引起人类疾病。假单胞菌一般在较高的水分活度（$A_w>0.97$）、$pH>4.5$的条件下才能生长，这类细菌在肉表面达到10^7～10^8CFU/cm^2时，肉就会发黏，并产生腐败味。该菌属和其他腐败性细菌相比更容易引起肉的腐败，如莓实假单胞菌和荧光假单胞菌能够分解代谢氨基酸而产生较浓的异臭味。

（2）气单胞菌属 该菌在肉类产品中广泛存在，只有少部分能够引起食物中毒。

（3）肠杆菌属 该菌广泛存在于肉品中，摄取营养物质的能力较强，产生的代谢副产物能使肉类产品产生异味气体及发黏现象。

2. 主要致病性细菌

（1）金黄色葡萄球菌 金黄色葡萄球菌是人类化脓感染中最常见的病原菌，可引起局部化脓感染，也可引起肺炎、伪膜性肠炎、心包炎等，甚至败血症、脓毒症等全身感染。金黄色葡萄球菌在自然界中无处不在，空气、水、灰尘及人和动物的排泄物中都可找到。因而，食品受其污染的机会很多。金黄色葡萄球菌是肉制品中典型的致病性细菌。

近年来，美国疾病控制中心报告，由金黄色葡萄球菌引起的感染占第二位。金黄色葡萄球菌肠毒素是世界性的卫生问题，在美国由金黄色葡萄球菌肠毒素引起的食物中毒占整个细菌性食物中毒的33%，加拿大则占45%，我国每年发生的此类中毒事件也非常多。

（2）沙门氏菌属　沙门氏菌只能产生内毒素，且对热不稳定，食物中毒主要是食入活菌引起的。食入活菌的数量越大，发生中毒的机会越大。沙门氏菌引起的最典型的疾病为胃肠炎，一般摄入10～16h后即可表现出症状，如呕吐、腹部绞痛、头痛和腹泻，这种症状可持续3～7d。由伤寒沙门氏菌引起的发热被称为伤寒性发热。对驼肉进行加热处理或低温贮藏是避免沙门氏菌中毒的有效方法。

（3）单增李斯特菌　该菌是革兰氏阳性杆菌，能引起人兽共患病，致病性强，临床致死率高达30%～70%。目前，国际上已将其列为食品四大致病菌（致病性大肠杆菌、肉毒梭菌、嗜水气单胞菌和单增李斯特菌）之一。该菌在环境中普遍存在，可从土壤、粪便、污水、青贮饲料、肥料、干草、动物和人体中分离到。

20世纪80年代以来，由单增李斯特菌所导致的病例数明显增加。该病有地理聚集性，可呈暴发流行，但多数病例以散发形式出现。

（二）真菌

1. 酵母菌　在肉与肉制品中主要存在着5种酵母菌。

2. 霉菌　霉菌繁殖迅速，常造成食品大量霉腐变质。

（三）驼肉中的微生物控制

骆驼肉营养丰富，富含微生物生长所必需的糖、蛋白质和水分，当条件控制不当时，肉就会受到微生物的污染而腐败变质。为了尽量减少细菌对胴体、分割部位和最终产品的影响，现代化骆驼屠宰厂必须对进厂骆驼进行宰前检验，健康并且符合卫生质量和商品规格的骆驼方准予屠宰，并且采取胴体冲洗、蒸汽喷淋、乳酸喷淋和其他消毒措施。

为了尽可能减少胴体的初始菌数，我国许多屠宰企业采取宰前喷淋措施，大大降低微生物对胴体的污染。开膛劈半后的胴体清洗是减少胴体微生物污染的又一个重要步骤，特别是带压的热水冲洗、蒸汽喷淋、乳酸喷淋可以冲洗掉胴体表面的杂毛、粪便、血污等，从而减少胴体表面微生物的数量。另外，在生产过程中，应对胴体采用两段式快速冷却法（－20～－15℃，1.5～2h；0～4℃，12～15h），在规定的时间内使胴体中心温度降到4℃以下，这样仅仅会有部分嗜冷菌缓慢生长，并且可以降低酶的作用和化学变化，有利于产品保质期的延长。严格控制分割和包装环境的温度和时间，结合其他卫生控制措施（如良好的空气、水质等），可以使胴体和分割产品的初始细菌总数保持在10^2～10^3CFU/g，从而延长了产品的货架期，保证了肉品的卫生质量和安全。

三、肉类安全体系的建立

（一）HACCP产生与发展

HACCP即危害分析与关键控制点系统，是以科学为基础，通过系统研究确定具体的危害及其控制措施，以保证食品的安全性。HACCP是一个评估危害并建立控制系统的工具，也是迄今人们发现的最有效的保障食品安全的管理方法，其控制系统是着眼于预防而不是依靠最终产品的检验来保证食品的安全。HACCP是目前世界上最权威的食品安全质量保护体系，是用来保护食品在整个生产过程中免受可能发生的生物、化学、物理因素的危害。其宗旨是将这些可能发生的食品安全危害消除在生产过程中，而不是靠事后检验来保证食品的安全性。

（二）HACCP基本原理

HACCP是一个确认、分析、控制生产过程中可能发生的生物、化学、物理危害的系统方法，是一种新的质量保证系统，它不同于传统的质量检查（即终产品检查），是一种生产过程各环节的控制。从HACCP名称可以明确看出，它主要包括HA，即危害分析，以及关键控制点CCP。HACCP原理经过实际应用和修改，已被联合国食品法规委员会（CAC）确认，由以下七个基本原理组成：

1. 危害分析 危害是指一切可能造成食品不安全消费，引起消费者疾病和伤害的生物的、化学的、物理性的污染。确定与食品生产各阶段有关的潜在危害性，包括原材料生产、食品制造过程、产品储运、消费等各环节。危害分析不仅要分析其可能发生的危害及危害的程度，也要涉及防护措施来控制这种危害。

2. 确定关键控制点 CCP是可以被控制的点、步骤或方法，经过控制可以使食品潜在的危害得以防止、排除或降至可接受的水平。CCP可以是食品生产制造的任意步骤，包括原材料生产、收获、运输、产品配方及加工储运各步骤。

3. 确定关键限值 在CCP确定关键限值是HACCP计划中重要的步骤之一。对每个CCP需要确定一个标准值，以确保每个CCP限值在安全值以内。这些关键限值常是一些保藏手段的参数，如温度、时间、水分、水分活性、pH及有效氯浓度等。

4. 确定监控CCP的措施 监控是有计划、有顺序地观察或测定以判断CCP是在控制中，并有准确的记录，可用于未来的评估。应尽可能通过各种物理及化学方法对CCP进行连续的监控，若无法连续监控关键限值，应有足够的间歇频率来观察测定CCP的变化特征，以确保CCP是在控制中。

5. 确立纠偏措施 当监控显示出现偏离关键限值时，要采取纠偏措施。虽然HACCP系统已有计划防止偏差，但从总的保护措施来说，应在每一个CCP上都有合适的纠偏计划，以便万一发生偏差时能有适当的手段来恢复或纠正出现的问题，并有维持纠偏措施的记录。纠偏记录是HACCP计划重要的文件之一，可供企业总结经验教训，以便在未来的操作中防止偏离关键限值的事故发生。

6. 确立有效的记录保持程序 要求把列有确定的危害性质、CCP、关键限值的书面HACCP计划的准备、执行、监控、记录保持和其他措施等与执行HACCP计划有关的信息、数据记录文件完整地保存下来。保持的记录和文件确认了执行HACCP系统过程中所采用的方法、程序、试验等是否和HACCP计划一致。

7. 建立审核程序 审核程序是验证应用的方法、程序、试验、评估和监控的科学性、合理性，审核关键限值能控制确定的危害，保证 HACCP 计划正常执行。

（三）HACCP 与其他质量保证系统的关系

在执行 HACCP 原理时，很多人会提出，现在已有不少产品质量管理体系，如全面质量管理（TQC），也有不同的质量法规，如良好生产规范（GMP）、ISO9000 质量管理和质量保证体系标准，还有卫生标准操作程序（SSOP）。它们有何差异？是否有矛盾？应该说，上述不同体系都是为了达到质量管理的目的。食品的卫生安全性是食品品质最基本又是最重要的质量要求，而 HACCP 正是针对食品的安全性而提出的一种品质控制与保证措施，是世界公认的作为保证食品安全卫生最有效的办法。

1. 良好生产规范 良好生产规范（good manufacturing practice，GMP），是国际上普遍采用的食品生产先进管理方法，其本质是以预防为主的质量管理。GMP 也是一种具体的食品质量保证体系标准，要求食品工厂在制造、包装及储运食品等过程的有关人员配置，以及建筑、设施、设备等的设置，卫生、制造过程、产品质量等管理均能符合良好生产规范，防止食品在不卫生条件下或可能引起污染及品质变坏的环境下生产，减少生产事故的发生，确保食品安全卫生和品质稳定。GMP 是一种具有专业特性的品质保证或制造管理体系。GMP 的重点是食品生产过程的安全性；防止异物、毒物、微生物污染食品；有双重检验制度，防止出现人为的损失；有对标签的管理，生产记录、报告的存档以及完善的管理制度。我国从 20 世纪 80 年代末开始实施 GMP，并先后制定实施了 14 种食品加工企业规范。GMP 在确保食品安全性方面是一种重要的保证措施。GMP 强调食品生产过程（包括生产环境）和储运过程的品质控制，尽量将可能发生的危害从规章制度上加以严格控制，与 HACCP 的执行有共同的基础和目标。HACCP 计划不应该包括 GMP 体系，但 GMP 体系是 HACCP 计划必需的前置程序。

2. 卫生标准操作程序 卫生标准操作程序（sanitation standard operation procedure，SSOP）实际上是 GMP 中最关键的基本卫生条件，也是在食品生产中实现 GMP 全面目标的卫生生产规范。

SSOP 强调食品生产的车间、环境、人员及与食品有接触的器具、设备中可能存在的危害的预防以及清洁（洗）的措施。SSOP 与 HACCP 的执行有密切的关联，且 HACCP 体系是建立在牢固遵守现行的 GMP 和可以接受的 SSOP 的基础上。我国食品卫生法及对各类型食品工厂的卫生规范都有类似国外 SSOP 和 GMP 的相关内容，如《食品安全国家标准　食品生产通用卫生规范》(GB 14881—2013)、《食品安全国家标准　罐头食品生产卫生规范》(GB 8950—2016）和《食品安全国家标准　糕点、面包卫生规范》(GB 8957—2016）等都属于我国食品生产的 SSOP，也应该是国内执行 HACCP 体系的基本措施。

第六章 骆驼肉产品加工

CHAPTER 6

第一节　风干驼肉

传统风干肉主要以风干牛肉为主，以骆驼肉为原料的风干肉食品很少。由于牛肉和骆驼肉的成分、感官指标等均有较大差异，因此风干驼肉的加工工艺应该在传统风干牛肉加工工艺基础上进行改进，使之适合风干驼肉的加工、生产，得到品质优良的风干驼肉产品。

一、加工原理

1. 降低食品的水分活度　微生物经细胞壁从外界摄取营养物质并向外界排出代谢物时，都需要以水作为溶剂或媒介质，故水为微生物生长活动必需的物质。水分对微生物生长活动的影响，起决定因素的并不是食品的水分总含量，而是它的有效水分，即用水分活度（A_w）进行估量。各种微生物都有自己适宜的生长 A_w，各种微生物保持生长所需的最低 A_w 值各不相同，大多数最重要的食品腐败细菌所需的最低 A_w 都在 0.9 以上，但是肉毒杆菌则在 A_w 低于 0.95 时就不能生长。大多数新鲜食品的 A_w 在 0.99 以上，属于易腐食品。食品在干制过程中，随着水分的丧失，A_w 下降，因而可被微生物利用的水分减少，抑制了其新陈代谢而不能生长繁殖，从而延长其保藏期限。

2. 降低酶的活力　酶为食品所固有，它同样需要水分才具有活力。水分减少时，酶的活性也就降低，在低水分制品中，特别在它吸湿后，酶仍会慢慢地活动，从而引起食品品质恶化或变质。只有干制品水分降低到 1%以下时，酶的活性才会完全消失。酶在湿热条件下处理时易钝化，如 100℃瞬间热处理即能破坏酶的活性。但在干热条件下难以钝化，如在干燥条件下，即使用 104℃热处理，钝化效果也极其微弱。因此，为控制干制品中酶的活动，就有必要在干制前对食品进行湿热或化学钝化处理，使酶失去活性。

二、加工过程

（一）工艺流程

加入木瓜蛋白酶　　　自行研制调料
↓　　　　　　　　　↓

原料选择→修割→嫩化→滚揉→切条→腌制→挂肉→切段→油炸→晾干→真空包装→高压灭菌→密封检验（水检）→成品。

（二）操作要点

1. 原料选择　由阿拉善盟荒漠双峰驼牧民专业合作社提供的骆驼优质精肉

(1 000kg)，该原料肉为无致病菌及有害微生物污染，无农药、兽药等残留的纯天然有机驼肉。

2. 修割 将原料肉切割成长条的整肉，剔净肉中的筋腱、脂肪、肌膜，然后顺着肌纤维纹路将原料驼肉切成 1kg 左右的长条肉块。修割过程中使用的器具应严格清洗消毒。

3. 嫩化 传统风干肉主要以风干牛肉为主，牛肉的肌纤维比骆驼肉的细，嫩度较骆驼肉的大，因此传统的风干牛肉没有嫩化这个步骤，而骆驼肉的肌纤维粗，如果不嫩化处理，做出风干肉的口感不好，影响风干驼肉的总体感官。可选用木瓜蛋白酶溶液对原料肉进行嫩化。

4. 切条 将嫩化后的原料肉切成 0.5kg 左右的长条，这样的肉条方便腌制入味。切条的刀具、仪器也要严格清洗消毒。

5. 腌制 腌制过程中的辅料和添加剂的添加量必须严格按照原料肉与辅料的比例准确称量，特别是添加剂的量，一定要严格、准确称量。自行研制辅料配方及添加剂添加量。将原料肉与辅料和添加剂均匀搅拌后放入 4℃恒温库中腌制 18h。

6. 切段 将腌制好的肉条切成大约 50g 的肉条，将表面作料清理干净。

7. 油炸 将肉条放入温度在 100～110℃的油锅内炸制，炸至有肉香味溢出即可出锅，在通风环境下迅速冷凉。油温不宜过高，油温过高易炸糊；油温过低则肉干不易炸透，制作出来的肉干颜色不佳，也没有香味。

8. 晾干 此过程直接决定产品最后的含水量，而产品的水分含量影响其水分活度，对微生物的滋生影响很大，因此必须严格控制产品水分含量。

9. 真空包装 将每一块晾干的肉块独立进行真空包装。在包装过程中特别注意车间操作台表面、真空包装袋、工作人员双手等的卫生要求，操作不当就可能导致微生物污染设备、容器等表面，也可能混入杂物、异物等，直接影响产品的质量。

10. 高压灭菌 将仪器调至 121℃，灭菌 30min。

11. 水检 将高压出来的产品放入水中，检验产品包装是否漏气，如果有未密封好的漏气包装，渗入水而包装鼓起来，易于判断。水检方法成本低，纯靠人工肉眼识别，会有漏检情况，有些产品水检完还要烘干。

12. 成品 风干驼肉出品率 42%～47%。风干驼肉产品照片见图 6-1。

三、产品执行标准

1. 感官指标 包括颜色、风味、口感、组织状态、总体可接受性，按《风干驼肉产品卫生安全执行标准》(企业标准) 执行。

2. 理化指标 按《风干驼肉产品卫生安全执行标准》(企业标准) 执行。

3. 微生物指标 按《食品微生物学检验：菌落总数测定》(GB 4789.2—2010) 执行。

图 6-1　风干驼肉

第二节　酱卤驼肉

一、加工原理

（1）肉在煮制过程中最明显的变化是失去水分、重量减轻。如中度肥度的猪肉、牛肉、羊肉、驼肉为原料，在 100℃的水中煮制 30min，猪肉减重 25%，牛羊肉及驼肉减重大约 35%。

（2）在加热煮制过程中肌肉蛋白质发生热变性凝固，引起肉汁分离，体积缩小变硬，同时肉的保水性、pH、酸碱性基团及可溶性蛋白相应变化。

（3）加热时脂肪流出，释放出某些与脂肪相关联的挥发性化合物，增加肉和肉汤的香气。

（4）加热过程中随着温度的升高，胶原蛋白变性收缩并吸水膨胀变成柔软状态，机械强度减弱，逐渐分解为明胶。

（5）生肉的风味是很弱的，但是加热之后产生很强烈的特有风味，这是由于加热导致水溶性成分和脂肪的变化形成的。风味成分主要有水溶性物质、氨基酸、肽类和低分子碳水化合物之间进行反应的生成物。还有在煮制过程中所添加的香辛料、调味料、糖等改善肉的风味。

（6）肉在煮制时浸出物的成分是复杂的，其中主要是含氮浸出物、游离氨基酸、尿素、肽的衍生物嘌呤碱等。

（7）当肉加温在 60℃以下时，色泽几乎不发生变化，65～70℃时变成粉红色，再提高温度时变成淡红色，在75℃以上时，则变成褐色。这主要是肌红蛋白受热变性所致。

二、加工过程

（一）工艺流程

加入木瓜蛋白酶 ↘ 嫩化；自行研制调料 ↓ 滚揉腌制

原料选择→解冻→修整漂洗→嫩化→滚揉腌制（调味）→煮制→出锅→冷却→真空包装→二次杀菌→成品。

（二）操作要点

1. 原料选择 由阿拉善盟荒漠双峰驼牧民专业合作社提供的健康良好骆驼腿肉，该驼肉为无致病菌及无有害微生物污染，无农药、兽药等残留的纯天然有机驼肉。

2. 解冻 将冷冻肉装入封口袋中，放入冰箱冷藏中自然解冻。

3. 修整漂洗 解冻后的驼肉用冷水浸泡清除余血，去除其表面的肥脂、筋膜等异物，洗净后的大块原料驼肉按要求分割成500g左右的小块，然后把肉块倒入清水中洗涤干净。

4. 嫩化 骆驼肉的肌纤维比牛肉的粗，骆驼肉嫩度低于牛肉，如果不嫩化处理，做出酱驼肉的口感不好，影响酱驼肉的总体感官。可用木瓜蛋白酶对原料肉进行嫩化。

5. 滚揉腌制（调味） 腌制过程中的辅料和添加剂的添加量必须严格按照原料肉与辅料的比例准确称量，特别是添加剂的量，一定要严格、准确称量。自行研制辅料配方及添加剂添加量。将原料肉与辅料及添加剂均匀搅拌后放入滚揉机中滚揉1h后，放入4℃恒温库中腌制4h。

6. 煮制（酱制） 驼肉5kg，精盐110g，豆瓣酱180g，葱、姜、蒜各50g，白酒50g，五香粉15g，小茴香15g，花椒、大料各5g，桂皮15g。

取13kg左右的清水烧开后，加入用纱布包好的各种调料熬制20min，将5kg左右的驼肉放入锅中煮制，水温保持在95℃左右煮约30min，边煮边将汤面浮物撇出，以消除膻味。之后将火力减弱，水温降至85℃左右，在这个温度下继续煮2h左右，这时肉已经烂熟，立即出锅。

7. 冷却 出锅后在0～4℃冷藏室自然冷却。

8. 真空包装 利用真空包装机进行包装。在产品称重、装袋等包装操作过程中，注意卫生以免导致微生物污染设备、容器等表面以及混入杂物、异物等，直接影响产品的质量。

9. 二次杀菌 为了延长产品的货架期，采用高压灭菌进行二次杀菌。

10. 成品 色泽呈褐色，块形整齐，大小均匀，烂熟，食而不腻，味道鲜美，无膻味。出品率为55%～60%。

三、产品执行标准

1. 感官指标 包括颜色、风味、口感、组织状态、总体可接受性，按《酱卤肉制品》（GB/T 23586—2009）执行。

2. 理化指标 按《低温肉制品质量安全要求》（SB/T 10481—2008）和《酱卤肉制品》（GB/T 23586—2009）执行。

3. 微生物指标 按《食品微生物学检验：菌落总数测定》(GB 4789.2—2010）执行。

第三节 驼肉罐头制品

一、驼肉罐头

驼肉罐头是一种以驼肉为主的肉类罐头，在原料肉上添加辅料配方后，经过专业的加工工艺制作而成。在制作过程中进行原料肉解冻、洗刷、修割、嫩化、切块、配料及煮制等加工工艺，最终形成层次清楚、大小均匀、口感良好的罐头产品（图6-2）。

图6-2 驼肉罐头

（一）工艺流程

配料
↓
原料选择→解冻→洗刷→修割→嫩化→切块→预煮→装罐→封口→杀菌→检验→包装。

（二）操作要点

1. 原料选择 该原料肉是采取来自非疫区、健康良好且新鲜的骆驼肉（颈部肉、前腿肉、后腿肉）。

2. 解冻 解冻分两种，自然解冻和机械解冻；通常将冷冻的原料肉自然解冻或自来水喷淋解冻。

3. 洗刷 将原料肉用净水冲洗，清除血、皮毛等残留物。

4. 修割 用严格消毒的器具剔除原料肉上的杂质，包括肥膘、筋、肌膜等。再把肉切成2cm左右厚的肉片。

5. 嫩化 嫩度是影响产品感官的重要因素，驼肉的肌纤维较粗、嫩度较低，如果不进行嫩化工艺，将会影响口感。可采用物理嫩化法的高压处理嫩化法。

6. 切块 高压处理嫩化后的肉片切成宽2～4cm、厚1cm的小块。

7. 配料及预煮 将切好的驼肉块放入锅内，煮沸后加入适量的白糖、精盐、酱油、味精、辣椒粉、黄酒。一段时间后，除去浮沫，捞出肉块，预煮后的肉汤留着备用。与此同时，在另一锅内将香辛料（鲜姜、圆葱、辣椒段、丁香、花椒、大料、桂皮）装入布袋中，扎紧袋口，加适量的水煮制固定时间，备用。预煮作用有：①除掉多余水分，体积减小，使组织紧缩并具有一定的硬度，便于装罐。②除去不良气味。③防止肉汁混浊和产生干物质量不足的缺点。

8. 装罐

（1）合理搭配，要求同等级产品数量、色泽、块形一致。

（2）装罐时须留一定的顶隙，一般8～10mm。

（3）重量允许误差±3%，平均重量不低于规定的重量。

（4）可以加注汤料。易杀菌、增味、排气、抗氧化、补量。

（5）要保持罐口的清洁，不得有小片、碎块或油脂等，以免影响严密性。

（6）对罐藏容器的要求：对人体无害；密封性能好；耐腐蚀；适合于工业化生产；开启方便，便于携带和运输。

9. 排气及封罐

（1）目的是：①防止或减轻罐头高温杀菌时发生变形或损坏；②冷却时有一定的真空度，防止罐内残留的好气菌和霉菌的繁殖；③防止内容物氧化变质，产生异味；④防止或减轻贮藏过程中罐内壁的腐蚀；⑤避免或减少维生素遭受破坏；⑥有利于质检（敲检）。

（2）排气方法有：①加热排气法。水浴锅中加热，罐口离水面高3～10cm，中心温度达85～95℃，10～15min。②喷蒸汽排气法。罐内喷蒸汽，空气压减少。③真空抽气法。真空环境中排气封罐。在真空泵抽气的同时封罐。

10. 杀菌 保证杀灭罐内的全部微生物，但高温影响食品的色、香、味、形及营养成分的变化，因此，杀菌的温度和时间要适当。肉类罐头杀菌公式如下：

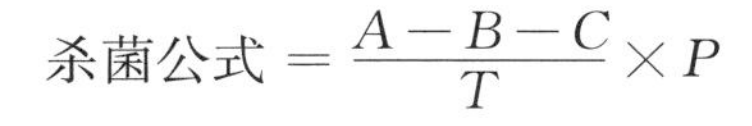

$$\text{杀菌公式} = \frac{A - B - C}{T} \times P$$

式中，T 指杀菌温度（℃）；A 指初始温度上升到杀菌温度所需的时间（min）；B 指杀菌温度条件下维持的时间（min）；C 指从杀菌温度降到 40℃所需的时间（min）；P 指冷却时锅内使用的反应压力（kPa）。

11. 检验

（1）外观检验　双重卷边缝合状态。

（2）保温检验　37℃放置 5～7d，观察是否有胀罐现象。

（3）敲音检查　敲打罐头底盖，从其发音鉴别好坏。混浊罐产生的原因为排气不充分，密封不全、漏气，杀菌不彻底引起了细菌生长。

（4）开罐检查　观察外观（色泽、风味、组织状态）、测重量、化学和细菌学检查等。

（三）产品执行标准

1. 感官指标　按罐头食品的感官检验 ZB X70004 执行。

2. 理化指标

（1）净重需达到标准，平均净重不得低于 340g±0.03g 或 180g±0.03g。

（2）氯化钠含量为 1.5%～2.5%。

（3）重金属含量应符合《肉类罐头卫生标准》（GB 13100—2005）的要求。

3. 微生物指标　应符合罐头食品商业无菌要求，按《食品微生物学检验　商业无菌检验》（GB 4789.26—2013）规定的方法检验。

二、驼肉排骨罐头

对于驼肉来说，肋骨处、胸部和腰部被认为是驼肉的首选部位，有丰富的营养价值，将其进行深加工制成罐头，不仅会有较广阔的开发前景，同时还可以提高驼肉原料的综合利用价值。

（一）工艺流程

原料选择→预处理→嫩化→预煮→油炸→汤汁配制。

（二）操作要点

1. 原料选择　选择经检验合格的阿拉善双峰驼排骨作为加工原料，原料需肥瘦均匀，无杂质、无异味等。将选好的驼肉排骨从冷冻柜中拿出来，在室温中进行缓慢解冻备用。

2. 预处理　将解冻好的原料洗干净，去掉多余的肥肉、筋腱。然后将骆驼排骨切成 4～6cm 长的小块，排骨带肉层厚度不可低于 12mm。

3. 嫩化　将预处理好的驼肉排骨放入高压锅内，加入等同驼肉排骨克数的水，在 80kPa 的压力下对驼肉排骨进行高压嫩化处理 20min。

4. 预煮 用高压锅内剩下的肉汤（去血去沫），放入普通锅中同驼肉排骨定温定时下煮制，即70℃下煮30～40min，然后将排骨捞起。肉汤去杂质备用。

5. 油炸 使用植物油进行油炸。首先将菜籽油放入锅内烧热，至其沸腾温度近210℃，然后将预煮好的排骨稍微沥干水后放入油锅内炸3min，在排骨双面微焦黄后即可出锅。

6. 汤汁配制 配料有酱油、砂糖、精盐、黄酒、生姜、八角、茴香、桂皮、花椒、味精、干辣椒段、辣椒末。将生姜、八角、茴香、花椒、桂皮、干辣椒段在电子天平上精准称量好后制成料包，放入锅内加水煮制1h。后将准备好的肉汤加入，再将剩余的调料，即精盐、砂糖、味精、酱油、黄酒、辣椒末精确称量加入，煮沸后将炸好的排骨放入煮制1～1.5h。在排骨出锅前要将汤汁煮至浓稠，使其味道更加鲜美。

（三）产品执行标准

1. 感官指标 按《排骨罐头》（QB/T 1360—2014）执行。罐头内容物完整美观，肉色正常，具有驼肉排骨独特风味，无杂质，无异味。

2. 理化指标

（1）净重需达到标准，固形物含量70%左右。

（2）氯化钠含量为1.2%～2.2%。

（3）重金属含量应符合《肉类罐头卫生标准》（GB 13100—2005）的要求。

3. 微生物指标 应符合罐头食品商业无菌要求，按《食品微生物学检验　商业无菌检验》（GB 4789.26—2013）规定的方法检验。

第四节　驼 肉 酱

在借鉴风味肉酱制作工艺的基础上，结合现代食品的加工工艺，以骆驼肉为主要原料制成肉酱，由于产品风味独特、营养丰富、食用方便、老少皆宜，在市场上很受欢迎。在人们食用面包、馒头、方便食品等食物时配上驼肉酱，不仅能增加其美味还能够补充足够的营养。

一、工艺流程

豆瓣酱、洋葱、味精、白砂糖

↓

原料选择→腌制→蒸煮→去筋腱、肥脂→切碎→油炸→植物油炒制→灌装、排气→杀菌→冷却→贮藏。

↑

山梨酸钾

二、操作要点

1. 原料选择 选择阿拉善骆驼的前腿肉和后腿肉。

2. 腌制 添加2%的食盐，0～2℃腌制24h。

3. 蒸煮 在蒸锅中80℃保温1.5h后冷却60～70℃条件下蒸煮。

4. 切碎 将蒸煮后的肉切碎成小肉粒。

5. 油炸 待油温升至110℃，将驼肉倒入锅中进行油炸处理，捞出进行沥油。

6. 炒酱 待油温升至130℃时加入一定量的豆瓣酱滑炒保持酱受热均匀，待炒出酱香后，停止加热，炒酱时间为6～8min，随即加入白砂糖、味精等调味料进行调味。

7. 肉酱混合调制 将先制备的肉糜倒入带搅拌机的夹层锅，边加热边搅拌至80℃，缓慢加入辅料。

8. 装罐、排气 起锅趁热装入净重220g的玻璃罐中，经90℃水浴加热，保持中心温度85℃以上排气8min，迅速旋紧瓶盖。

9. 杀菌 将玻璃罐在1.01 MPa、121℃条件下，杀菌20min。

10. 冷却 灭菌后的产品迅速进行冷却，用凉水冷却至25℃即为成品。

三、产品执行标准

1. 感官指标 驼肉酱感官指标参照《香菇肉酱罐头 轻工行业标准》（QB/T 4630—2014）并结合骆驼肉特点。

（1）色泽 酱体红润油亮。

（2）风味 酱香味适宜及浓郁驼肉香味。

（3）口感 甜咸适口，咀嚼性好，酱体易于涂抹。

（4）组织状态 半固态，肉粒大小均匀，黏稠度好。

2. 理化检验指标 pH为4～5，酸价（KOH，mg/g）≤4.0，过氧化值（g，以100g计）≤0.25。

pH测定按照《食品安全国家标准 食品pH值的测定》（GB 5009.237—2016）规定进行测定，过氧化值参照《食品安全国家标准 食品中过氧化值的测定》（GB 5009.227—2016）的方法测定，酸价参照《食品安全国家标准 食品中酸价的测定》（GB 5009.229—2016）的方法测定，每个样品做3次平行试验，最后取其平均值。

3. 微生物检验 菌落总数按照《食品安全国家标准 食品微生物学检验 菌落总数测定》（GB 4789.2—2016）方法进行测定，大肠菌群按照《食品安全国家标准 食品微生物学检验 大肠菌群计数》（GB 4789.3—2016）方法进行测定。

第五节　驼肉丸子

制作骆驼肉丸可以采用其他肉的肉丸制作方法来制作。驼肉丸子在摩洛哥一般都被做成圆饼，通常和烤面包一起搭配。

一、工艺流程

原料选择→搅碎→混合→搅拌→成型→裹面粉→速冻→包装→成品。

二、操作要点

1. 原料选择　选择瘦肉多的部位的骆驼肉。

2. 搅碎　用 3mm 或 6mm 的转子，把肉搅碎成不同大小的颗粒。

3. 混合　将磨好的调味料和肉进行混合。

4. 搅拌　加入乳化剂（如鸡蛋）并混合搅拌。

5. 成型　用成型机制成大小相同的丸子。

6. 裹面粉　将成型的丸子裹上面粉。

7. 包装　用干热或湿热包装或者罐藏工艺的方式包装肉丸。

8. 成品　包装后的肉丸，要冷藏或冷冻贮藏。

三、产品执行标准

1. 感官指标　按《国内贸易行业标准　肉丸》(SB/T 10610—2011）执行。

2. 理化指标　按《国内贸易行业标准　肉丸》(SB/T 10610—2011）执行。

3. 微生物指标　菌落总数、大肠菌群和致病菌应符合《地方标准　蒙餐氽羊肉丸子》(DB15/T 615—2013）的规定。

第六节　驼 肉 饼

驼肉也可以制作馅饼。肉和脂肪分别通过 8mm 和 6mm 的磨盘后，将剩余的肉和其他的材料用手工再混合，将混合物再次通过 5mm 的磨盘研磨，最终制成成型肉饼，塑封冷冻保存。随着肉饼中驼肉含量的增加，肉饼质感更柔软，风味更香美、更多汁，颜色更鲜亮。

一、工艺流程

原料选择→解冻→预处理→加配料→混合→搅拌→成型→冷却→包装→贮藏。

二、操作要点

1. 原料选择 选择符合卫生要求的骆驼肉。

2. 解冻 将冻肉在冷藏室进行自然解冻。

3. 预处理 将肉切成3mm左右的肉粒。

4. 加配料 在预处理肉中加入食盐、植物油、葱、豆蔻和生姜粉等按配方制作的配料，需要一定的脂肪含量，必要时利用混合肉去获得所需的脂肪含量。

5. 混合 将处理好的各原料均匀混合。

6. 搅拌 用3～6mm的转子搅拌混合料，并进行细致乳化。

7. 成型 将这些乳化后的原料制成馅，包好馅后的面放在模具中，压成肉饼，然后在72℃下进行肉饼的熟制和烟熏。

8. 冷却 肉饼熟制之后在模具中冷却。

9. 包装 冷却后的产品进行包装，每个肉饼的重量为200g左右，厚度为1.5cm，直径为8cm。

10. 贮藏 做好的成型肉饼要在冷冻的条件下进行贮藏，以防止肉变黏，并且可以提高包装和贮藏期的自由水含量。

三、产品执行标准

产品执行标准参考DB 44/190—2004。

第七节 驼肉香肠

驼肉香肠制品是指以驼肉为主要原料，通过切块、腌制或者不腌制、绞切、斩拌、乳化等单元操作制成的肉馅，充填入天然或人造肠衣中，根据产品特点进行烘烤、蒸煮、烟熏或不烟熏、发酵或不发酵、干燥等加工处理的一类肉制品。

一、工艺流程

原料肉选择→整理与切块→腌制→配料→绞肉与斩拌→灌肠→烘烤→蒸煮→烟熏→检验与包装→成品。

二、操作要点

1. 原料肉选择 原料肉的选择对香肠的质量非常重要，尤其是原料肉的微生物学特性对香肠产品的卫生品质、食用品质、营养品质有很大的影响。如加工发酵香肠时，若原料肉的微生物菌数太高，则在发酵初期就会产生大量的微生物生长繁殖现象，在产生安全隐患的同时，对产品的风味、色泽等产生不利的影响。对熟制香肠及其他类型香肠，为了保证产品的卫生指标及保质期，在原料肉微生物初始菌太高的情况下，往往通过提高生产过程的加热强度来减少产品中微生物的残存量，这样不可避免地对产品品质产生影响。因此，在骆驼肉的屠宰及贮藏过程中应采取全程质量控制技术、栅栏减菌技术等可有效保障原料肉的卫生特性。

2. 整理与切块 原料肉经解冻后，进行剔骨、剔筋，将肥、瘦肉分开，都切成0.1～0.15kg的肉块。

3. 腌制 将肥、瘦肉分开腌制，瘦肉腌制时放入食盐、亚硝酸钠、磷酸盐、抗坏血酸等，混匀后于2～4℃腌制2～3d；肥肉只加入3%～4%的食盐腌制，混匀后于2～4℃腌制2～3d。

4. 配料 骆驼肉30kg，骆驼肥肉及驼峰肉10kg，瘦猪肉10kg，食盐0.8～1.2kg，亚硝酸钠4g，白糖500g，胡椒粉50g，味精50g，洋葱800g，大蒜粉250g，料酒200g。

5. 绞肉与斩拌 瘦肉用绞肉机绞两次，第一次以0.6～0.8cm筛孔板绞碎，第二次再以0.2～0.3cm筛孔板绞碎，这样肉的绞碎效果较好。肥肉以0.6～0.8cm筛孔板绞碎即可。如果有条件可以采用斩拌机进行斩拌，这样可产生较好的乳化效果，有利于产品质构的改善，提高肉馅的黏结性及组织状态。如果采用真空斩拌机，可避免大量空气混入肉馅，对于减少微生物的污染、防止脂肪氧化、稳定肉色、保证产品风味、改善产品质构具有积极意义。真空斩拌还有利于盐溶性蛋白的溶出和均相乳化凝胶体的形成。

6. 灌肠 将斩拌乳化好的肉馅灌入不同型号不同形状的肠衣里。肠衣可分为天然肠衣和人造肠衣。天然肠衣具有可吃、透气、透烟、安全等特点，但也有不匀、不直、不结实等缺陷；人造肠衣则相反，适合于机械化操作。灌肠时尽量避免混入气体。充填时要求松紧适度、均匀，充填后及时打卡或结扎。

7. 烘烤 灌好的香肠在55～60℃的烘烤炉内进行烘烤60～90min，使香肠肠衣与贴近肠衣的馅层蛋白变性，形成较高的机械强度，不易破损，同时使产品色泽均匀，表面形成红褐色。采用塑料肠衣生产时一般不进行烘烤，而直接进行蒸煮。

8. 蒸煮 蒸煮可使肉馅蛋白质变性凝固、破坏酶活力、杀死微生物、促进风味形成。根据产品的类型和保藏要求，可进行高温蒸煮（高温灭菌）和低温蒸煮（巴氏杀菌）。进行高温蒸煮的产品可以常温下销售，低温蒸煮的产品则需要在冷藏条件（2～4℃）下销售。高温蒸煮制品中的微生物几乎全被杀死，产品达到商业无菌要求。低温蒸煮的产品其肠中心温度应达到68～70℃以上，这样的加热强度只能破坏酶和微生物的营养体，而不能破坏芽孢菌。以天然肠衣灌装的香肠只适合于低温蒸煮杀菌，人造肠衣适合于高温蒸煮杀菌。

9. 烟熏 根据产品的特性，有的产品需要烟熏，有些产品不需要烟熏。利用塑料肠衣生产的产品，因其肠衣的气密性好，不进行烟熏，蒸煮后直接进行冷却、包装。以天然肠衣、胶原肠衣、纤维素肠衣灌装的香肠可以进行烟熏，因这类肠衣蒸煮后变得湿软、缺乏光泽，存放时易引起表面产生黏液或生霉。烟熏可以除去产品中的部分水分，肠衣也随之变干，肠衣表面产生光泽并使肉馅呈红褐色，使产品赋有特殊的香薰气味，还增加产品的防腐能力。多数企业的香肠生产将烘烤、蒸煮、烟熏于同一熏烤炉内按次序进行。低温蒸煮的香肠，为了延长其保质期，可在包装后进行杀菌。

10. 检验与包装 产品检验合格后，按要求进行包装。可利用小袋进行简易包装，或进行真空、气调包装，可有效抑制产品销售过程中的脂肪氧化现象，提高产品的卫生安全品质。

11. 成品 符合产品出厂标准。

三、产品执行标准

1. 感官指标 按《中式香肠》（GB/T 23493—2009）和《熏煮香肠》(SB/T 10279—2008）执行。

2. 理化指标 水分、蛋白质、脂肪、总糖、氯化物按《中式香肠》(GB/T 23493—2009）和《熏煮香肠》(SB/T 10279—2008）规定执行；亚硝酸盐按《食用添加剂使用卫生标准》(GB/T 2760—2004）的规定执行；过氧化值按《食品安全国家标准　食品中过氧化值的测定》(GB 5009.227—2016）的规定执行。

3. 微生物指标 菌落总数、大肠菌群、致病菌按《食品安全国家制品　熟肉制品》（GB 2726—2016）规定执行。

第八节　驼掌加工

骆驼全身是宝，尤以驼掌最为名贵。驼掌号称“沙漠熊掌”，是骆驼躯体中最活跃的组织，其肉质异常细腻而富有弹性，似筋而更柔软。骆驼掌历来就与熊掌、燕窝、猴头齐名，是中国四大名菜之一。

驼掌营养丰富，含有蛋白质、脂肪、胶质、氨基酸、维生素、矿物质等营养素，特别适于乳母、儿童、青少年、老人和久病体虚人群食用。驼掌含有丰富的胶原蛋白，脂肪含量也比较低。研究发现，人体中缺少胶原蛋白是人衰老的一个重要因素，而驼掌中丰富的胶原蛋白可增强皮肤弹性和韧性，对延缓衰老和促进儿童生长发育都具有特殊意义。

一、速冻

（一）工艺流程

原料清洗→扒皮→去老茧、掌骨→真空包装→速冻→检验→成品。

（二）操作要点

1. 原料清洗　将驼掌用温水冲洗，洗净骆驼掌上的绒毛和泥沙。

2. 扒皮、去毛　将驼掌皮扒掉，并在沸水中煮至能拔掉驼毛时取出驼掌，除尽驼毛。

3. 去老茧、掌骨　换清水煮至发软，捞出后除尽老茧、掌骨，获得柔软的结缔组织状的软蹄。

4. 真空包装　每一个驼掌采用适宜材料进行独立真空包装，并粘贴产品标签。

5. 速冻　在－21℃的条件下进行速冻，并进行冻藏。

6. 检验　根据产品执行标准进行检验，合格后才可出厂。

（三）产品执行标准

产品感官指标、理化指标、微生物指标执行《速冻驼掌的产品卫生安全执行标准》的要求。

二、蒸焖

（一）工艺流程

配料
↓
清洗→去驼毛→去老茧、掌骨→蒸制和焖煮→包装→成品。

（二）操作要点

1. 清洗　将骆驼掌用温水冲洗，洗净骆驼掌上的绒毛和泥沙。

2. 去驼毛　在沸水中煮至能扒掉驼毛时，取出驼掌，除尽驼毛。

3. 去老茧、掌骨　换清水煮至发软，捞出除尽老茧、掌骨。

4. 蒸制和焖煮　为了除去异味和腥味，将草果、鸡汤和驼掌一并放入容器中蒸制，蒸后从笼上取出驼掌，加入葱、姜、料酒、味精、精盐、胡椒等配料熬制 20min 的水中，小火焖煮 2h 入味。

5. 包装　降温后进行真空包装（图 6-3）。

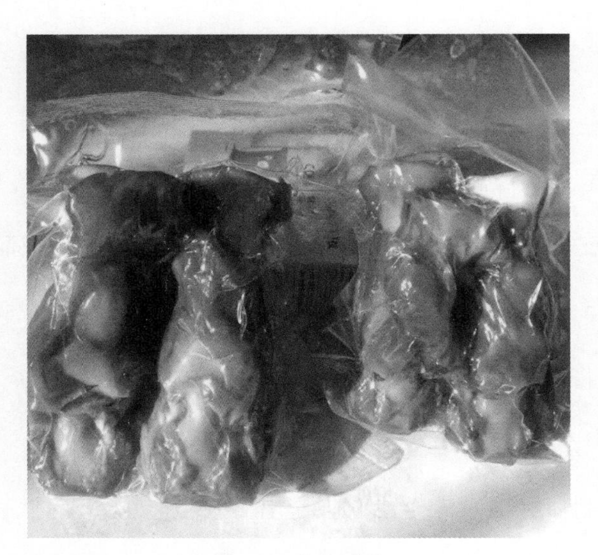

图 6-3　蒸焖驼掌

（三）产品执行标准

产品执行标准参考《内蒙古地方菜　菜胆扒驼掌》(DB15/T 758—2014)。

三、扒驼掌

驼掌即驼蹄，与熊掌一样都是珍贵的美味。早在汉代就有“驼蹄羹”，并成为历代宫廷的名菜。明代李时珍的《本草纲目》中记载：“家驼峰、蹄最精，人多煮熟糟食。”在内蒙古西部、宁夏和甘肃等地区都喜食用驼蹄。扒驼掌用驼掌和鸡、鸭等禽肉类蒸、烧而成。成菜色泽深红，驼掌软烂筋糯，鲜味浓厚，是阿拉善地区十大名菜之一。

1. 扒驼掌的制作

（1）将驼掌用清水洗净，沥干水分，用火烧掉毛后放入开水中浸泡 20min，用刷子刷净，换水反复冲洗至驼掌洁白。装入锅中加水及黄酒反复焖煮驼掌，勤换水。捞出后，修掉掌心老茧硬皮，用水洗净，放入锅中，加入清汤、料酒、苹果一起上锅蒸 1h 左右，取出驼掌再换锅加入清汤、猪肉、鸡肉、黄酒、葱、姜，再上火蒸至脱骨为止。蒸好的驼掌趁热去骨，注意保持驼掌形状，抹上糖色，入油锅炸 3～5min，晾凉备用。

（2）驼掌晾凉后，切成大抹刀片备用。水发香菇、冬笋均切片洗净用清汤煨好备用。火腿切片备用。葱取白切段，姜切片。

（3）起锅至小火上，放入少许香油，将葱白段、姜片煸出香味时，放入驼掌片反复晃勺煸，并烹入黄酒、酱油、盐、糖、胡椒粉，煸 2～3min 后，倒入瓷盘中，拣去葱姜不用。稍冷一下将驼掌肉、冬笋、火腿、香菇一片片依次隔开码放在盘中（保持掌形），再放入清汤、黄酒、鸡精、酱油上笼蒸至酥烂为止。

（4）取出驼掌，滗去盘内汤汁。起锅至火上，加入少许清汤烧开，调好口味，勾入水淀粉成浓汁，淋入鸡油后均匀地浇在驼掌上，将菜心用开水一焯，放入少许油、盐、鸡精，煸透入味后码放在盘四周即成（图 6-4）。

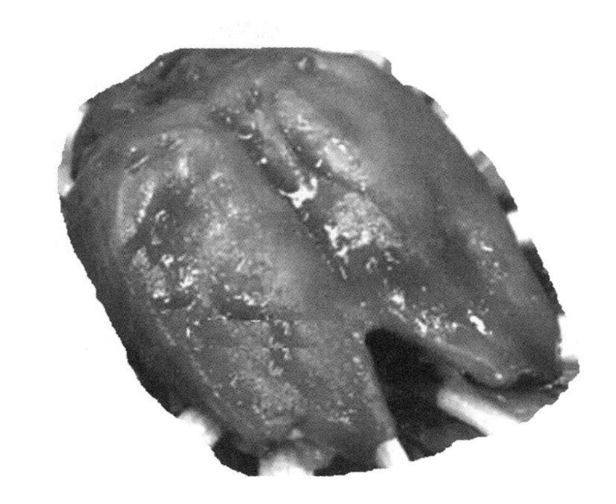

图 6-4　扒驼掌

2. 扒驼掌的特点　驼掌软烂，色泽红润，光洁明亮，肉质细嫩，醇香适口，味道独特，肥而不腻，营养价值高，强筋壮骨，是秋冬季补品之一。扒驼掌配以菜心，荤素俱佳，从营养味道角度分析，驼掌虽然不如熊掌好，但经过烹制之后也独具特色，深受美食家欢迎和赞赏。

四、驼掌中胶原蛋白的提取

据报道，以驼掌为原料、采用胃蛋白酶对其胶原蛋白进行提取，结果显示，驼掌胶原蛋白的最佳提取工艺为胃蛋白酶加酶量 4%、乙酸浓度 0.50mol/L、料液比1：15，提取时间 48h，此条件下提取率为 30.33%±0.19%。通过紫外光谱和十二烷基硫酸钠-聚丙烯酰胺凝胶电泳（SDS-PAGE）分析结果，所提的胶原蛋白符合Ⅰ型胶原蛋白特征，保持了胶原蛋白的三螺旋结构。驼掌胶原蛋白的吸湿性和保湿性优于牛蹄胶原蛋白，吸油性弱于后者。

第九节　驼峰产品加工

驼峰脂肪属于骆驼皮下脂肪组织，约占骆驼总胴体重的 30%，在常温下为白色固体，熔化后呈微黄色，具有骆驼独特的膻味，是双峰驼体内脂肪的主要来源。驼峰脂肪中含有很多的营养成分，在亚洲及北非的一些国家将驼峰脂肪作为美味的菜肴，此外，驼峰还被用在动物的饲料中，作为能量和营养的来源。驼峰脂肪中的脂肪酸种类较多，其中亚油酸、亚麻酸、共轭亚油酸的含量占比较高，可增强人体免疫力，具有抗炎和抗肿瘤作用，是天然皮肤屏障的重要组成部分。亚麻酸还可以抗炎、抗过敏，并在美容中也发挥着较为重要的作用。共轭亚油酸能够有效防止腐败，且不造成负面影响。因此，能够作为食品和化妆品中的添加剂来使用。此外，驼峰脂肪中还含有棕榈酸、硬脂酸、油酸、棕榈油酸和豆蔻酸等，这些都是较好的油料资源。驼峰脂肪中含有丰富的胶原蛋白和维生素 E 可以使皮肤保持弹性，有滋润肌肤修复等功能。驼脂脂肪颗粒直径小，渗透性强，易被皮肤吸收，同时在皮肤表面形成保护油膜，有抑制发炎等功效。

驼峰脂肪在医学上具有祛风、活血和消肿等作用。研究发现，驼峰油为温性，渗透效果极强，有消肿止痛、活血、提升免疫水平等多种功效。因此，可以治疗风湿、修复骨折等。每100g驼峰中胆固醇含量为42mg，显著低于其他动物油脂，一直以来驼峰都是制作名菜的烹饪原料，煮制过程中饱和脂肪酸的含量降低，不饱和脂肪酸的含量增加，加上驼峰中的胆固醇含量低等原因，驼峰具有较高的食用价值。

目前国内对驼峰脂肪加工方面的研究还属于空白阶段，驼峰脂肪的市场价值还未被挖掘，每年骆驼的屠宰量非常大，一峰骆驼大约有30kg的驼峰脂肪。驼峰脂肪作为一种优质的油料，有良好的市场前景。近几年驼峰脂肪的应用在国外也有被推广的趋势，澳大利亚已经推出了驼油类药品用于治疗儿童皮肤病并归类为特殊产品。韩国上市的一款新产品也是以驼峰脂肪为原料的去油滋润皂。我国的驼峰脂肪研究主要来自蒙古族饮食和药膳。《本草纲目》中记载，驼峰脂肪主治顽痹风骚、恶疮毒肿、肌肉僵硬等。目前国内已有含驼峰油的护肤品，如纯天然驼脂霜，能有效清除自由基，有杀菌抗炎的功效，对风湿引起的关节疼痛、红肿血瘀有很好的缓解和治疗作用。驼峰脂肪的开发利用市场前景很好。如果能够将驼峰脂肪中的一些功能性成分合理地开发运用到化妆品及医疗保健等领域中，相信可以取得很好的成果。以下主要讲述驼峰油的加工。

一、工艺流程

驼峰原料→熬油→脱胶→脱酸→脱色→脱臭→精炼驼峰油产品。

二、操作要点

1. 驼峰原料 骆驼屠宰分割后的驼峰，冷冻或冷藏后备用。

2. 熬油 将驼峰脂肪切成小块后，再进行切碎，准确称其质量，然后放于熬油锅内进行120℃、40min炼制。得到的驼峰油出油率为83.54%。

3. 脱胶 将驼峰油放入一定温度的水浴锅中，向烧杯中量取一定量的50%柠檬酸溶液，搅拌一段时间后静置，使沉淀析出。8 000r/min离心15min，分离的上层油样物就是脱胶后油脂。采用酸法脱胶对驼峰原油脱胶，结果表明，柠檬酸添加量为0.3%，温度为80℃，时间为30min，得到的驼峰油的过氧化值和酸价分别为2.15mmol/kg和1.27mg/g。

4. 脱酸 取一定量的驼峰油放入容器中，水浴加热，加入一定质量分数的氢氧化钠，一定温度下搅拌一段时间，静置使沉淀析出，4 000r/min离心15min。将上层液体倒入容器进行水浴加热，温度为80℃时，称取体积为油重10%～15%的高于油温5～10℃的蒸馏水进行洗涤，直至分离出的水遇酚酞变色为止。然后将皂角与脱酸油分离，得到脱酸驼峰油。用旋转蒸发仪将水洗后的驼峰油的水分蒸发，称重并计算，测定油脂酸价。采用碱炼脱酸对脱胶驼峰油进行脱酸处理，结果表明，添碱量为0.2%，

NaOH 质量分数 9%，温度为 50℃，脱酸时间为 25min 时所得的油脂脱酸率为 93.63%。

5. 脱色 称取一定量的脱酸驼峰油置于旋转蒸发仪中，加入一定量的混合吸附脱色剂，在真空下反应一段时间后降温，减压过滤，得到脱色驼峰油。脱酸驼峰油进行脱色处理结果，脱色剂添加量为油重的 4%，温度为 90℃，时间为 25min，得到的驼峰油澄清、透明。

6. 脱臭 将前面处理的驼峰油置入三口烧瓶中，放入控温加热装置（油面高度低于反应瓶中间以下 3cm 处）。开启循环真空泵抽真空，在低压下排完空气后，通入水蒸气，将油预热至 100℃以上，将油样快速升至所需温度，观察压力调节在所要求的范围内，设定反应时间并记录。脱臭完成后，应在抽真空（与操作压力一致）的条件下进行降温，待油脂样品降至 70℃以下时再破真空，得到脱臭后的驼峰油。

对精炼驼峰油的成品油的性质进行分析，结果表明，精炼后的驼峰油呈现浅黄色、透明状态，且膻味较轻，其皂化值、碘值、酸价和过氧化值分别为 201.07mg/g、45.88（以 100g 计）、0.083mg/g 和 0.51mmol/kg，均符合目前国家食用动物油的标准（表 6-1）。精炼后饱和脂肪酸含量略微减少，不饱和脂肪酸含量增加，脂肪酸组成变化较小，精炼效果较好。

表 6-1 驼峰油精炼前后指标对比

项目	驼峰原油	精炼驼峰油	《食用动物油标准》（GB 1016—2015）
皂化值（KOH，mg/g）	202.37±1.37	201.07±2.04	—
过氧化值（mmol/kg）	2.15±0.11	0.51±0.03	≤0.2（g，以 100g 计）
碘值（I_2，以 100g 计）	10.75±2.23	45.88±0.84	—
酸价（KOH，mg/g）	1.27±0.14	0.083±0.006	≤2.5
色泽、外观	浅棕黄色、略混浊	浅黄色、透明	澄清透明
气味	膻味重	膻味较轻	无异味
加热试验（280℃）	无异味	无异味	无异味
出油率（%）	83.54	64.76	—

第十节 驼血利用

我国骆驼年屠宰量 3 万余峰，产血量约为 600t。新鲜状态的驼血，呈红色，不透明，具有一定的黏稠性。公驼血液为其自身体重的 4%～5%，母驼血液为其自身体重的 4%～4.5%，每峰成年骆驼血量约为 20kg。由于骆驼生存在严酷的恶劣环境中，因此其血液具有特殊的生理、营养功能，具有极大的开发利用价值。本节主要介绍驼血中的蛋白质、氨基酸、矿物质、脂肪酸的组成及特性。

一、驼血中的蛋白质

驼血中的蛋白质组成及含量见表 6-2。

表 6-2　驼血中的蛋白质组成及含量

蛋白质	中国双峰驼	红驼	白驼
总蛋白（g/L）	6.8	6.22	5.8
血红蛋白（g/L）	114.11	—	—
白蛋白（%）	—	72.4	73.3
α_1-球蛋白（%）	1.25	1.0	1.5
α_2-球蛋白（%）	2.85	2.7	3.0
β-球蛋白（%）	9.25	9.0	9.5
γ-球蛋白（%）	13.65	14.9	12.1
白蛋白（A）/球蛋白（G）	—	2.63	2.77

注："—" 指未检出。

由表 6-3 可见，驼血中含有丰富的蛋白质，主要由血红蛋白、白蛋白、球蛋白等组成，其中白蛋白含量不仅明显高于其他动物，而且具有异常高的生理活性。研究表明，驼血中总蛋白含量为 6.80g/L，血红蛋白含量为 114.11g/L，较其他家畜高。驼血球蛋白中包含 α_1-球蛋白、α_2-球蛋白、β-球蛋白和 γ-球蛋白等，其中 γ-球蛋白约占球蛋白总量的 50%。这是较特殊的血液蛋白组成结构，在哺乳动物中较为罕见。驼血血清的白蛋白含量显著高于其他家畜的血清白蛋白含量，而且骆驼血液中有一种特殊的高浓缩白蛋白，其蓄水能力很强，相较于其他家畜更能有效地保持血液中的水分，确保了它在贫瘠荒漠地带生存时细胞代谢所需要的营养调剂。

二、驼血中的氨基酸

据研究，驼血水解后可得到 34 种氨基酸（表 6-3），其中包括维持人体生命活动所必需的 8 类氨基酸，以及婴幼儿生长发育所必需的组氨酸。34 种氨基酸总量为 213.18g/L，必需氨基酸占氨基酸总量的 40.97%，必需氨基酸与非必需氨基酸的比值为 0.69。必需氨基酸中以赖氨酸含量最高（27.82±1.68）g/L，其次为亮氨酸（16.27±0.86）g/L，色氨酸含量最低（0.002±0.002）g/L。赖氨酸是人体第一限制性氨基酸，也是代谢上唯一的必需氨基酸，具有促进人体发育、增强免疫功能和预防心脑血管疾病等生理功能。由表 6-4 可知，驼血中赖氨酸含量占氨基酸总量的 13.3%，几乎相当于乳、肉、蛋含量的 2 倍，远远高于鹿血（9.2%）和牛血（9.5%）中赖氨酸所占比例。因此驼血可能具有促进人体发育、增强免疫功能和预防心脑血管疾病的作用。研究还发现，驼血的非必需氨基酸中，精氨酸含量最高（23.60±4.17）g/L，占氨基酸总量的11.1%，而鹿血、牛血分别为4.6%、1.1%，均远远低于驼血。驼血还可能具有帮助改善免疫系统健康和抵御疾病的作用。

表6-3 双峰驼血中的氨基酸组成及含量（g/L）

氨基酸种类	含量	氨基酸种类	含量
丙氨酸（Ala，A）	10.69±0.36	乙醇胺（EtX）	0.042±0.001
精氨酸（Arg，R）	23.60±4.17	3-甲基组氨酸（3-MIEs）	0.03±0.002
天冬氨酸（Asp，D）	22.41±1.26	乌氨酸（Orn）	0.03±0.002
半胱氨酸（Cys，C）	3.73±0.17	瓜氨酸（Cit）	0.017±0.008
谷氨酸（Glu/Gln，E）	12.50±1.13	同型瓜氨酸（IIcit）	0.010±0.056
组氨酸（His，H）	16.63±1.23	犬尿氨酸（Kyn）	0.009±0.002
异亮氨酸（Ile，I）*	2.57±0.11	胱硫醚（Cth）	0.006±0.006
甘氨酸（Gly，G）	10.81±0.81	同型半胱氨酸（IIry）	0.004±0.001
亮氨酸（Leu，L）*	16.27±0.86	肌肽（Car）	0.004±0.004
赖氨酸（Lys，K）*	27.82±1.68	γ-氨基丁酸（GABA）	0.001±0.000 2
甲硫氨酸（Met，M）*	1.66±0.09	磷酸乙酰胺（PEtN）	0.000 9±0.000 5
苯丙氨酸（Phe，F）*	13.94±0.80	2-氨基正丁酸（Abu）	0.000 8±0.000 8
脯氨酸（Pro，P）	6.48±0.21	肌氨酸（Sur）	0.000 5±0.000 4
丝氨酸（Ser，S）	10.17±0.67	牛磺酸（Tau）	0.000 5±0.000 4
苏氨酸（Thr，T）*	12.32±0.92	羟基脯氨酸（Hyp）	0.000 5±0.000 3
色氨酸（Trp，W）*	0.002±0.002	必需氨基酸总和	87.34
酪氨酸（Tyr，Y）	8.91±0.11	氨基酸总和	213.18
缬氨酸（Val，V）*	12.67±0.76		

注：* 必需氨基酸。

表6-4 驼血、鹿血、牛血中各氨基酸占氨基酸总量比例（%）

氨基酸种类	驼血	鹿血	牛血
丙氨酸（Ala，A）	5.0	8.1	8.0
精氨酸（Arg，R）	11.1	4.6	1.1
天冬氨酸（Asp，D）	10.5	10.6	9.9
半胱氨酸（Cys，C）	1.7	0.9	1.8
谷氨酸（Glu/Gln，E）	5.9	9.1	8.9
组氨酸（His，H）	7.8	7.0	5.8
异亮氨酸（Ile，I）*	1.2	1.0	0.7
甘氨酸（Gly，G）	5.1	1.0	4.1
亮氨酸（Leu，L）*	7.6	12.8	13.4
赖氨酸（Lys，K）*	13.3	9.2	9.5
甲硫氨酸（Met，M）*	0.8	1.1	1.5

（续）

氨基酸种类	驼血	鹿血	牛血
苯丙氨酸（Phe，F）*	6.5	7.7	7.4
脯氨酸（Pro，P）	3.0	3.3	3.3
丝氨酸（Ser，S）	4.7	5.1	3.3
苏氨酸（Thr，T）*	5.8	5.1	5.3
酪氨酸（Tyr，Y）	4.2	2.3	3.3
缬氨酸（Val，V）*	6.0	7.8	7.7

注：* 必需氨基酸。

三、驼血中的矿物质

驼血中的矿物质含量见表 6-5。

表 6-5 驼血中的矿物质含量（mmol/L）

矿物质	中国双峰驼	美洲驼	羊驼
钠	159.95±11.99	147～156	148～155
钾	14.55±2.18	1.3～5.5	4～5.3
钙	2.66±3.85	2.3～2.6	2.1～2.5
镁	0.70±0.34	0.7～1.2	0.8～1.2
铁	1.82±0.87	20.2～29.6	18.5～38.6
氯	67.90±16.27	101～126	108～136
磷	1.21±0.75	1.5～2.7	1.5～3.0

近些年研究发现，驼血中钠、钾含量普遍高于其他家畜。骆驼的高血钠，有利于潴留水分，血中 Na^{+} 浓度高可能与其耐渴特性有关。驼血中磷含量也非常高，是鹿血的 9.2 倍。研究表明，当人类血液中的 Cu/Zn 比值高于 0.9 时可能导致某些癌症的发生，当大于 2.0 时可致支气管癌、肉瘤、白血病等。鹿血中 Cu/Zn 比为 0.29，而驼血中 Cu/Zn 比仅为 0.05。因此，患者如能长期服用驼血制品可能对上述疾病具有一定的改善作用。有报道称，现在市面上所出售的补肾益精药中铜铁钙锌锰的含量都比较高，而驼血中铁的含量是鹿血的 5.2 倍，钙是鹿血的 1.6 倍。鉴于驼血中矿物质元素含量丰富，因此，驼血经过加工后可作为矿物质元素类营养补充剂，也可作为天然添加剂强化部分食品中的矿物质含量。

四、驼血中的脂肪酸

驼血中脂肪酸种类及含量如表 6-6 所示。

表 6-6 驼血中的脂肪酸组成（μg/mL）

脂肪酸种类	含量	脂肪酸种类	含量
戊二酸	1 900.70±571.02	花生四烯酸	70.60±19.81
油酸	1 342.00±194.12	癸酸	36.33±9.68
山梨酸	710.67±216.462	山嵛酸	34.93±1.27
棕榈酸	508.87±289.22	月桂酸	29.02±6.63
硬脂酸	460.60±332.26	芥酸	11.30±2.17
辛酸	40.00±7.57	二十碳五烯酸	11.22±5.21
十七烷酸	176.12±18.99	饱和脂肪酸	3 969.95±1 158.13
2-羟基 3-甲基丁酸	175.73±59.96	单不饱和脂肪酸	1 353±194.49
亚油酸	147.67±13.51	多不饱和脂肪酸	1 014.35±221.52
己酸	120.60±77.20	中链脂肪酸	3 333.02±547.72
肉豆蔻酸	100.20±63.97	长链脂肪酸	3 014.58±909.31
花生酸	76.87±27.58	奇数碳脂肪酸	2 272.53±530.89
二十二碳五烯酸	72.13±9.01		

由表 6-6 可知，驼血中共检测出 19 种脂肪酸，主要由戊二酸、油酸和山梨酸组成，其含量分别为（1 900.70±571.02）μg/mL、（1 342.00±194.12）μg/mL 和（710.67±216.462）μg/mL。驼血的饱和脂肪酸（SFA）占总脂肪酸含量的 60.89%，低于绵羊血中 SFA 所占比例（62.9%）。据报道，人类的血脂及血清胆固醇的提高以及糖尿病、肥胖症、心血管疾病、动脉粥样硬化等一系列慢性疾病的起因都与饮食中过多摄入饱和脂肪酸（SFA）有关。不饱和脂肪酸有明显降低高密度脂蛋白血清胆固醇的作用，进而减少高血压、心脏病及脑卒中等疾病发病率，同时不饱和脂肪酸在维护生物膜的结构和功能方面有重要作用。驼血中单不饱和脂肪酸（MUFA）占总脂肪酸含量的 21.32%，多不饱和脂肪酸（PUFA）占总脂肪酸含量的 17.05%，略低于绵羊血中 PUFA 所占比例（22.6%），远远高于各乳类中 PUFA 所占比例（驼乳 4.09%、牛乳 3.33%、羊乳 2.77%）。除此之外，驼血中长链脂肪酸（LCFA）、中链脂肪酸（MCFA）、奇数碳脂肪酸（OCFA）所占比例较高。其中 OCFA 占总脂肪酸含量的 36.13%，是各乳类所占比例的 9～10 倍，已有现代药效研究证明 OCFA 具有较强的生理活性，尤其是抗癌活性。因此，驼血可能具有较强潜在的抗癌活性。

五、驼血中的活性肽

驼血经胃蛋白酶酶解处理后，其酶解产物具有较高的抗氧化活性，经进一步分离纯化后获得的水解产物中，组分 Pep-1 的抗氧化活性最强，其 DPPH 的清除率为 72.6%，铁离子螯合能力为 94.9%，总抗氧化能力为 1.433mmol/g。利用全自动氨基酸分析仪对组分 Pep-1 进行测定，其氨基酸含量为 73.763mg/100mg。再采用 MALDI-

TOP-TOP 法对组分 Pep-1 进一步水解获得的组分的分子质量和氨基酸序列进行检测，其分子质量为 1 223.62u，氨基酸序列为 Val-Val-Tyr-Pro-Pro-Trp-Thr-Arg-Arg-Phe，大部分由疏水性氨基酸组成。驼血经风味蛋白酶进行水解后的产物具有 α-淀粉酶抑制活性及 α-葡萄糖苷酶抑制活性，其分解产物对 α-淀粉酶的抑制率可达到 66.03%，对 α-葡萄糖苷酶的抑制率可达到 90.86%。对其水解产物进行分离纯化后，通过 MALDI-TOP-TOP 法检测分子质量和氨基酸序列，发现分子质量为 722.363 7u 的六肽 Tyr-Pro-Gly-Glu-Thr-Arg 和分子质量为 878.447 3u 的六肽 Tyr-Pro-Trp-Thr-Arg-Arg 的两个降血糖肽。

驼血经超声波破碎、透析等预处理后，在胃蛋白酶和胰蛋白酶共同作用下，被酶水解成小分子多肽，再使用不同分子质量的超滤管（≥10ku、3～10ku、≤3ku）过滤后的 3 个组分中，分子质量在 3～10ku 范围内组分对 HMG-CoA 还原酶具有较高的抑制活性，对 HMG-CoA 还原酶的抑制率可达到 11%，其抑制率是市面已售降脂药 Pravachol 的 4 倍。

主要参考文献

付亮亮，何永涛，郭雪峰，2006. 分光光度法与肉眼评分评定猪肉肉色的研究［J］. 养殖与饲料（5）：16-18.

葛长荣，马美湖，2005. 肉与肉制品工艺学［M］. 北京：中国轻工业出版社.

韩芳凯，2013. 基于电子舌技术的鱼新鲜度无损检测方法研究［D］. 南京：江苏大学.

蒋洪茂，2008. 优质牛肉屠宰加工技术［M］. 北京：金盾出版社.

孔保华，韩建春，2015. 肉品科学与技术［M］. 2 版 . 北京：中国轻工业出版社.

李彤，2019. 驼峰脂肪精炼工艺及其品质测定［D］. 呼和浩特：内蒙古农业大学.

李秀丽，双全，乌云，等，2012. 阿拉善双峰骆驼肉品质分析［J］. 食品科技，37（7）：120-123.

刘东辉，白娜，何静，等，2017. 双峰骆驼肉挥发性风味物质的分析［J］. 食品科技，42（8）：148-153.

刘莉敏，李敏，郭军，等，2016. 内蒙古部分地区 8 种畜肉胆固醇含量分析［J］. 肉类研究，30（2）：5-9.

刘丽君，2019. 驼血抗氧化与降糖活性肽的制备与鉴定［D］. 呼和浩特：内蒙古农业大学.

马欣欣，2012. 阿拉善双峰驼肉的嫩化及风干肉的研制［D］. 呼和浩特：内蒙古农业大学.

马欣欣，双全，李秀丽，等，2012. 木瓜蛋白酶对骆驼肉嫩化效果的研究［J］. 食品工业，33（12）：60-62.

马志鹰，明亮，伊丽，等，2019. 骆驼中降血脂多肽的分离［J］. 食品科技，44（4）：128-132.

宋树鑫，梁敏，王治洲，等，2017. 改性聚乳酸薄膜对阿拉善双峰驼肉的自发气调保鲜［J］. 食品工业，38（5）：81-86.

文芳，包花尔，杨惠，等，2018. 阿拉善戈壁驼与沙漠驼骨骼肌纤维类型的比较研究［J］. 黑龙江畜牧兽医，21（12）：201-205.

乌云，双全，李秀丽，等，2013. 阿拉善双峰驼驼峰脂的脂肪酸组成分析［J］. 中国油脂，38（12）：88-90.

杨丽，傅樱花，张兆肖，等，2018. 骆驼肉的营养价值、食用品质及加工现状［J］. 肉类研究，32（6）：55-60.

张凤宽，王维民，王茂增，2011. 畜产品加工学［M］. 郑州：郑州大学出版社.

张晓东，刘永杰，黄明，2006. 畜产品质量安全及其检测技术［M］. 北京：化学工业出版社.

周光宏，罗欣，徐幸莲，2008. 肉品加工学［M］. 北京：中国农业出版社.

周光宏，张兰威，李洪军，等，2002. 畜产食品加工学［M］. 北京：中国农业大学出版社.

Abbas A M，Mousa H M，Lechner-Doll M，et al，1995. Nutritional value of plants selected by camels（*Camelus dromedarius*）in the Butana area of the Sudan［J］. Journal of Animal Physiology and Animal Nutrition，74：1-8.

Abdelhadi O M A，Babiker S A，Bauchart D，et al，2017. Effect of gender on quality and nutritive value of dromedary camel（*Camel dromedarius*）longissimus lumborum muscle［J］. Journal of the Saudi Society of Agricultural Sciences，16（3）：242-249.

Abouheif M A，Basmaeil S M，Bakkar M N，1990a. A standard method for jointing camel carcasses with reference to the effect of slaughter age on carcass characteristics in Najdi camels. I. Wholesale cut weight [J]. Asian-Australasian Journal of Animal Science，3：97-102.

Abouheif M A，Basmaeil S M，Bakkar M N，1990b. A standard method for jointing camel carcasses with reference to the effect of slaughter age on carcass characteristics in Najdi camels. II. Variation in lean growth and distribution [J]. Asian-Australasian Journal of Animal Science，3：155-159.

Bekhit A E，Farouk M M，Kadim I T，et al，2013. Nutritiveand health value of camel meat [M]. Wallingford：Center for Agriculture and Bioscience International.

Brownlie L E，Grau H，1967. Effect of food intake on growth and survival of Salmonellas and Escherichia coli in the bovine rumen [J]. Journal of General Microbiology，46：125-134.

Dörges B，Heucke J，Dance R，2003. Observations on the effect of camels grazing the vegetation of central Australia [J]. Technote，118：1-5.

Engelhardt W V，Dycker C，Lechner-Doll M，2007. Absorption of short-chain fatty acids，sodium and water from the forestomach of camels [J]. Journal of Comparative Physiology，177：631-640.

Ferguson D M，Bruce H L，Thompson I M，et al，2001. Factors affecting beef quality-farm gate to chilled carcass [J]. Australian Journal of Experimental Agriculture，41：879-891.

Ghali M B，Scott P T，Alhadrami G A，et al，2011. Identification and characterisation of the predominant lactic acid producing and utilising bacteria in the foregut of the feral camel（*Camelus dromedarius*）in Australia [J]. Animal Production Science，51：597-604.

Guerouali A，Wardeh M F，1998. Assessing nutrient requirements and limits to production of the camel under its simulated natural environment [M] //In：Proceedings of the Third Annual Meeting for Animal Production under Arid Conditions. United Arab Emirates University Publishing Unit，36：36-51.

Harper G S，1999. Trends in skeletal muscle biology and the understanding of toughness in beef [J]. Australian Journal of Agricultural Research，50：1105-1129.

Kadim I T，Mahgoub O，Al-Marzooqi W，et al，2006. Effects of age on composition and quality of muscle Longissimus thoracis of the Omani Arabian Camel（*Camelus dromedarius*）[J]. Meat Science，73：619-625.

Lawrie R A，Ledward D A，2009. Lawrie's 肉品科学 [M]. 周光宏，李春保，译. 北京：中国农业大学出版社.

Liu Q，Dong C S，Li H Q，et al，2009. Forestomach fermentation characteristics and diet digestibility in alpacas（*Lama pacos*）and sheep（*Ovis aries*）fed two roughage diets [J]. Animal Feed Science and Technology，154：151-159.

Pearson A M，Gillett T A，2004. 肉制品加工技术 [M]. 3版. 张才林，石永福，张亮，译. 北京：中国轻工业出版社.

Raiymbek G，Faye B，Serikbayeva A，et al，2013. Chemical composition of infraspinatus，triceps brachii，longissimus thoracesbiceps femoris，semitendinosus，and semimembranosus of bactrian（*Camelus bactrian*）camel muscles [J]. Emirates Journal of Food and Agriculture，25（4）：261-266.

Samsudin A A，Evans P N，Wright A D G，et al，2011. Molecular diversity of the foregut bacteria community in the dromedary camel (*Camelus dromedarius*)[J]. Environmental Microbiology, 13: 3024-3035.

Shinichi T, 2008. Investigation of some preparation procedures of fatty acid methyl esters for capillary gas-liquid chromatographic analysis of conjugated linoleic acid in meat [J]. Nihon Chikusan Gakkaiho, 70 (5): 336-342.

Turnbull K L, Smith R P, Benoit St-Pierre B, et al, 2012. Molecular diversity of methanogens in fecal samples from Bactriancamels (*Camelus bactrianus*) at two zoos [J]. Research in Veterinary Science, 93: 246-249.

图书在版编目（CIP）数据

骆驼肉品学 / 双全，马萨日娜主编．—北京：中国农业出版社，2021.11
国家出版基金项目　骆驼精品图书出版工程
ISBN 978-7-109-28910-9

Ⅰ.①骆…　Ⅱ.①双…②马…　Ⅲ.①骆驼—肉品加工　Ⅳ.①TS251.4

中国版本图书馆 CIP 数据核字（2021）第 220484 号

中国农业出版社出版
地址：北京市朝阳区麦子店街 18 号楼
邮编：100125
丛书策划：周晓艳　王森鹤　郭永立
责任编辑：杨　春　弓建芳
版式设计：杜　然　　责任校对：刘丽香
印刷：北京通州皇家印刷厂
版次：2021 年 11 月第 1 版
印次：2021 年 11 月北京第 1 次印刷
发行：新华书店北京发行所
开本：787mm×1092mm　1/16
印张：10.25　　插页：1
字数：210 千字
定价：108.00 元